Richter-Gebert • Kortenkamp

■

Benutzerhandbuch
für die interaktive Geometrie-Software
Cinderella

W0246556

Springer
Berlin
Heidelberg
New York
Barcelona
Hongkong
London
Mailand
Paris
Singapur
Tokio

Jürgen Richter-Gebert
Ulrich H. Kortenkamp

Benutzerhandbuch für die interaktive Geometrie-Software

Cinderella

Version 1.2

Mit 126 Abbildungen

 Springer

Jürgen Richter-Gebert
Institut für Theoretische Informatik
ETH Zentrum
8092 Zürich, Schweiz
e-mail:
richter@inf.ethz.ch
richter@cinderella.de

Ulrich H. Kortenkamp
Institut für Informatik
Freie Universität Berlin
Takustraße 9
14195 Berlin, Deutschland
e-mail:
kortenkamp@inf.fu-berlin.de
kortenkamp@cinderella.de

Die Deutsche Bibliothek - CIP-Einheitsaufnahme

Richter-Gebert, Jürgen:
Benutzerhandbuch für die interaktive Geometrie-Software Cinderella / Jürgen Richter-Gebert;
Ulrich H. Kortenkamp. - Berlin; Heidelberg; New York; Barcelona; Hongkong; London; Mailand; Paris; Singapur;
Tokio: Springer, 2000
ISBN 3-540-67968-5

Mathematics Subject Classification (2000): 51-04

ISBN 3-540-67968-5 Springer-Verlag Berlin Heidelberg New York

Springer-Verlag Berlin Heidelberg New York
ein Unternehmen der BertelsmannSpringer Science+Business Media GmbH
© Springer-Verlag Berlin Heidelberg 2001
Printed in Germany

Einbandgestaltung: *design & production GmbH*, Heidelberg
Satz: Reproduktionsfertige Vorlage der Autoren
Gedruckt auf säurefreiem Papier   SPIN 10780555   46/3142CK-5 4 3 2 1 0

Inhalt

1 Vorwort

Cinderella ist ein Programm für Geometrie auf dem Computer. Die aktuelle Fassung basiert auf einer Serie von drei Projekten im Zeitraum von 1993 bis 1998. In *Cinderella* vereinen sich diverse mathematische Theorien, angefangen von den großen Entdeckungen der Geometer im neunzehnten Jahrhundert bis hin zu völlig neu entwickelten Methoden, die in diesem Programm ihre erste Anwendung finden.

Das erste Projekt wurde 1993 während einer Kombinatorik-Konferenz am Mittag-Leffler-Insitut in Schweden aus der Taufe gehoben. Aus dieser Zeit stammt auch der Name *Cinderella*: So hiess das Boot, auf dem Henry Crapo und Jürgen Richter-Gebert den Entschluss fassten, eine Software zu schreiben, mit deren Hilfe man mit wenigen Mausclicks geometrische Konstruktionen eingeben kann. Diese Software sollte dazu dienen, neue symbolische Beweismethoden einfach anwenden zu können.

Das Projekt wurde auf einem NeXT-Rechner gestartet; diese Plattform war damals bezüglich Grafik und Softwareergonomie ihrer Zeit weit voraus. Nach ein paar Wochen Entwicklungsarbeit wurde der erste funktionierende Prototyp erstellt, und zwar basierend auf Prinzipien der projektiven Geometrie und Invariantentheorie. Das Programm konnte *lesbare* algebraische Beweise für viele Sätze der projektiven Geometrie über Punkte, Geraden und Kegelschnitte finden.

Mit der Zeit verlor jedoch NeXT als Plattform an Popularität, und damit schwand auch der Elan für eine aktive Weiterarbeit an *Cinderella*. Seit dem Sommer 1995 wurden praktisch keine weiteren Fortschritte mehr erzielt. Auf einer Konferenz für Computational Geometry in Mt. Holyoke (USA, MA) war eine Softwarevorführung fast unmöglich, weil NeXT Rechner und Betriebssysteme nahezu ausgestorben waren.

Nach dieser Konferenz in Mt. Holyoke beschlossen wir, damals an der TU Berlin in der Gruppe von Günter M. Ziegler, ein neues Projekt zu starten und gänzlich auf der plattformunabhängigen Sprache Java™ aufzubauen. Damals war die Sprache noch relativ neu, und wir standen beide, insbesondere bezüglich der Geschwindigkeit, einer interpretierten Programmiersprache wie Java recht skeptisch gegenüber. Wir haben es dennoch versucht, und die ersten Versuche überraschten uns positiv.

Ziel dieses zweiten Projekts war es, die Möglichkeiten der NeXT-Version um grundlegende Bestandteile der euklidischen und nicht-euklidischen Geometrie zu erweitern und außerdem noch Funktionen für Ortskurven einzubauen. Ausserdem sollte das Programm auch in einem Webbrowser laufen können und insbesondere die Möglichkeit bieten, Web-Übungsaufgaben für Studenten ins Internet zu stellen. Die Lösungen der Studenten sollten mit Hilfe des programmeigenen Beweisers automatisch überprüft werden.

Konferenzen, Wettbewerbe und ihre Fristen sind oft die treibenden Kräfte für eine rasche Entwicklung. So wurde im September 1996 auf dem "CGAL-startup-meeting" an der ETH Zürich eine erste lauffähige Version vorgeführt. Eine weitere Version gewann dann im Januar 1997 den "Multimedia Innovationspreis" auf dem Multimedia Transfer der ASK Karlsruhe.

Im Jahre 1997 wurde Jürgen Richter-Gebert als Assistenzprofessor an die ETH Zürich berufen, im September folgte Ulli Kortenkamp nach Zürich. Zu dieser Zeit haben wir auch die Verhandlungen über eine Veröffentlichung von *Cinderella* aufgenommen. Der ursprüngliche Plan war es, die Java-Version auszufeilen und zum Abschluss zu bringen. Aber es kam anders.

Wie auch andere Programme für dynamische Geometrie krankte unser Programm an, wie es schien, unvermeidlichen mathematischen Inkonsistenzen. Diese Inkonsistenzen rührten von Mehrdeutigkeiten bei Operationen wie "Schnitt eines Kreises mit einer Geraden". Es kann dabei zwei, einen oder keinen Schnittpunkt geben, je nach den Positionen von Kreis und Gerade. Beim dynamischen Ändern einer Konstruktion muss das Programm entscheiden, welchen dieser Schnittpunkte es auswählt. Diese so harmlose anmutende Mehrdeutigkeit kann zu ganz extremen Inkonsistenzen im Verhalten der Konstruktionen führen, kleine Bewegungen eines Punktes lassen plötzlich große Teile der Konstruktion umspringen.

Aber Anfang 1998 entpuppte sich dieses Problem der umspringenden Elemente als tatsächlich lösbar, wenn auch nur recht "komplex" zu implementieren: Sämtliche Berechnungen müssen über den komplexen Zahlen durchgeführt werden, und zur Vermeidung von "singulären Situationen" müssen Ergebnisse der Funktionentheorie eingesetzt werden. Die Umsetzung erforderte eine komplette Neukonzipierung und -implementierung des mathematischen Kerns von *Cinderella*, der Rechenaufwand stieg dabei auf das 20- bis 100-fache. Wir entschlossen uns dazu, diese dritte Projekt durchzuführen; das Ergebnis halten sie in den Händen. In einer Zeit unglaublich intensiver Arbeit (die uns und unsere Familien bis ans Äußerste beanspruchte) schrieben wir noch einmal das ganze Programm von vorne und optimierten es an jeder nur möglichen Stelle.

Wir denken, dass sich die Mühe gelohnt hat, denn die Vorteile der neuen Theorie sind noch weit größer als ursprünglich erwartet. Mit den neuen Methoden konnten wir nun auch das randomisierte Überprüfen von geometrischen Sätzen verlässlich implementieren, was sich als weit nützlicher als die alten symbolischen Methoden herausstellte. So ist jetzt auch möglich, vollständige Ortskurven generisch zu konstruieren.

Das vorliegende Programm ist gewissermaßen ein Synthese, in der die alte Geometrie des neunzehnten Jahrhunderts und die klassische Funktionentheorie mit unseren neuen Methoden und modernster Softwaretechnik verschmolzen ist. Wir hoffen, dass Sie damit genau so viel Freude haben wie wir.
&nbps;

Jürgen Richter-Gebert & Ulli Kortenkamp
Zürich, Dezember 1998

2 Einleitung

Warum haben wir *Cinderella* überhaupt geschrieben? Gibt es nicht schon genug Mathematikprogramme, und ganz besonders solche zum Produzieren mathematischer Grafiken? Freilich, es gibt deren viele, aber *Cinderella* ist in vielfacher Hinsicht ungewöhnlich.

Beginnen wir damit, die Schlüsseleigenschaften dieser Software auflisten. *Cinderella* ...

- *... ist ein mausgeführtes, interaktives Geometrieprogramm:* Mit einigen wenigen Mausklicks können Sie einfache oder komplizierte geometrische Konfigurationen erzeugen. Es ist dazu keine Programmierung oder Tasteneingabe nötig. Nach erfolgter Konstruktion können Sie ein Basiselement mit der Maus "greifen" und umher ziehen, während die ganze Konstruktion Ihren Bewegungen in konsistenter Weise folgt. Dadurch können Sie das dynamische Verhalten einer Zeichnung erkunden.

- *... bietet integrierte Methoden zur automatischen Überprüfung von Sätzen:* Während Sie Ihre Konfiguration erzeugen, unterrichtet Sie *Cinderella* über alle darin auftretenden nichttrivialen Eigenschaften.

- *... gestattet gleichzeitiges Konstruieren/Bearbeiten in verschiedenen Ansichten:* Sie können ein und dieselbe Konfiguration in der gewöhnlichen euklidischen Ebene, auf einer Kugel und sogar in der Poincaré'schen Kreisscheibe betrachten und bearbeiten.

- *... unterstützt nichteuklidische Geometrien "nativ":* In *Cinderella* können Sie bequem zwischen euklidischer, hyperbolischer und elliptischer Geometrie umschalten. Je nach Kontext werden Ihre Aktionen stets richtig interpretiert.

- *... verfügt über ausgereifte Funktionen für Ortskurven:* Die einzigartigen mathematischen Methoden von *Cinderella* garantieren Ihnen, dass der gesamte reelle Zweig einer Ortskurve gezeichnet wird, nicht nur Teile davon.

- *... ist "Internet-fähig":* Das ganze Programm ist in Java geschrieben. Jede Konstruktion kann sofort auf eine interaktive Webseite exportiert werden, wenn erwünscht sogar mit Übungsaufgaben und Animationen.

- *... erzeugt hochqualitative Ausdrucke:* Sie können druckreife PostScript-Dateien aus Ihren Zeichnungen generieren. Solche Vektorgrafiken sind den üblichen Screenshots weit überlegen und nutzen die volle Auflösung des jeweiligen Ausgabegerätes aus.

- *... basiert auf mathematischer Theorie:* Die gesamte Implementierung hat eine einheitliche mathematische Grundlage. Die Theorien der großen Geometer des neunzehnten Jahrhunderts, kombiniert mit vielen neuen Ideen, machen *Cinderella* zu einem verlässlichen und konsistenten Geometrieprogramm.

2.1 Anwendungsbeispiele

Die Anwendungsbereiche von *Cinderella* reichen von der reinen (nicht)euklidischen Geometrie über die Physik (zum Beispiel Optik) bis hin zu computergestützer Kinematik und CAD. In den folgenden Anwendungsbeispielen präsentieren wir Ihnen diverse Szenarien, in denen sich *Cinderella* als sehr nützlich erweist.

2.1.1 Exakte Zeichnungen

Angenommen Sie schreiben eine wissenschaftliche Publikation, für die Sie ein oder mehrere Zeichnungen brauchen. Bei etwas komplizierteren Konstruktionen ist es normalerweise fast unmöglich, auf Anhieb eine befriedigende Zeichnung zu machen. Man hat entweder zu viele Elemente auf einem Fleck oder es passen nicht alle Teile der Figur auf die Seite.

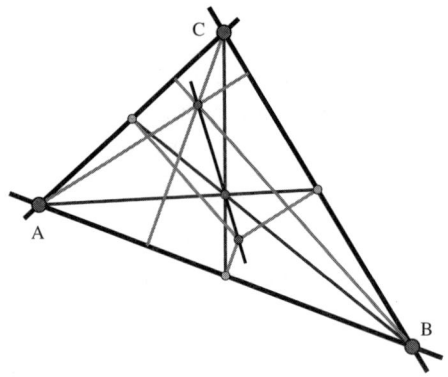

Die eulersche Gerade eines Dreiecks

Mit *Cinderella* starten Sie, indem Sie eine Computerskizze Ihrer Konstruktion erstellen. Diese Skizze wird im Allgemeinen noch nicht so aussehen, wie Sie das von Ihrer endgültigen Zeichnung erwarten, aber sie enthält alle für die Konstruktion entscheidenden Relationen. Sie können daher als Nächstes die Basiselemente selektieren und hin und her bewegen, bis die Zeichnung Ihren ästhetischen Ansprüchen voll genügt. Während der ganzen "Bewegungsphase" haben Sie stets eine gültige Version Ihrer geometrischen Konstruktion. Abschließend können Sie noch mit *Cinderellas* Elementeigenschaften-Dialog Farbe und Größe der geometrischen Elemente Ihren Vorstellungen anpassen.

2.1.2 Geometrischer Taschenrechner

Manchmal möchte man für eine bestimmte geometrische Situation ein Gefühl bekommen, weil man gerade etwas Interessantes in einem Geometriebuch gelesen hat oder selber eine neue Idee ausprobieren will.

Dazu führen Sie die Konstruktion in *Cinderella* aus und beginnen dann damit zu spielen. Durch das geometrische Experimentieren gewinnen Sie neue Einsichten und bringen oft verborgene Eigenschaften ans Licht. Die mathematisch konsistente Implementierung von *Cinderella* garantiert Ihnen, dass dabei keine unmotivierten Effekte auftreten, die nicht wirklich von der Konfiguration herrühren.

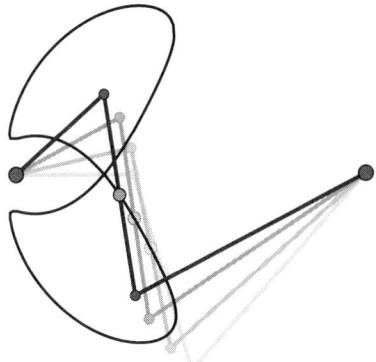

Dynamik eines Dreiergestänges

Um Ihre Forschungsergebnisse anderen Kollegen mitzuteilen, können Sie eine interaktive Webseite erzeugen und ins Internet stellen. Dadurch haben Ihre Kollegen direkten Zugriff auf die Konfiguration und können sie auch mit einem Java-fähigen Webbrowser selbst beeinflussen.

2.1.3 Übungsaufgaben

Das Aufstellen von interaktiven Übungsaufgaben ist eine weitere interessante Anwendung. Angenommen Sie wollen Schülern beibringen, wie man den Umkreis eines Dreiecks nur mit Zirkel und Lineal konstruiert. Zuerst führen Sie die Konstruktion selber aus. Dann generieren Sie eine interaktive Aufgabe, indem Sie die "Startelemente" markieren, den Aufgabentext hinzufügen und einige Zwischenschritte der Konstruktion sowie das Endergebnis angeben. *Cinderella* erzeugt dann eine interaktive Webseite, in der die Startelemente, wie etwa das Ausgangsdreieck, dargestellt sind und die nötigen Werkzeuge für Zirkel- und Linealkonstruktionen angeboten werden.

Die Schüler können die Übungsaufgaben auf ihrem eigenen Computer lösen, und zwar entweder ganz selbstständig oder mit Hilfe der von Ihnen mitgelieferten Hinweise. Egal welche Konstruktion ein Schüler zur Lösung der Aufgabe verwendet: Mit der integrierten Theorem-Überprüfung kann *Cinderella* stets entscheiden, ob die Lösung korrekt ist oder nicht. Die Kreativität des Schülers wird also durch das Programm in keiner Weise eingeschränkt.

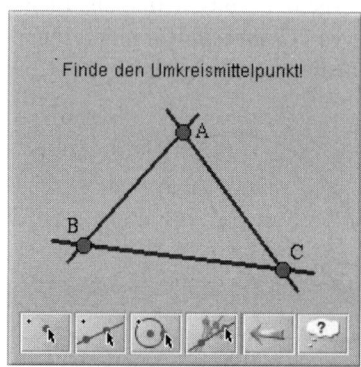

Eine Übungsaufgabe für Schüler

2.2 Gedanken zum Programmdesign

Wir haben uns beim Programmdesign von *Cinderella* von einigen Hauptzielen leiten lassen. Die drei wichtigsten Ziele wollen wir an dieser Stelle kurz darstellen, um einen Eindruck von der Gesamtstruktur des Programms zu vermitteln.

- *Generischer Zugang: Cinderellas* Design zielt darauf ab, eine möglichst breite Palette von geometrischen Gebieten abzudecken. Das Programm bietet daher "native" Unterstützung für *euklidische Geometrie*, *hyperbolische Geometrie*, *elliptische Geometrie* und *projektive Geometrie* (das bedeutet, alle diese Geometrien sind intern völlig gleichberechtigt).

  Sie benötigen also keine komplizierten euklidischen Hilfskonstruktionen, um etwa eine hyperbolische Geometrie zu simulieren. Vielmehr können Sie einfach den "hyperbolischen Modus" von *Cinderella* benutzen; damit verhalten sich sämtliche Konstruktionen wie Elemente der hyperbolischen Ebene.

  In *Cinderella* erreichen wir dieses Ziel durch die Implementierung von sehr allgemeinen mathematischen Methoden, die eine gemeinsame Grundlage für die oben genannten Gebiete der Geometrie bilden. Für die zugrundeliegende Mathematik verwenden wir zu einem guten Teil zahlreiche, heutzutage leider fast vergessene, Resultate, die wir den großen Geometern des neunzehnten Jahrhunderts verdanken. Wir wollen hier nur einige wenige erwähnen: *Monge* und *Poncelet*, die "Erfinder" der projektiven Geometrie; *Plücker, Grassmann, Cayley* und *Möbius*, die eine wunderschöne algebraische Sprache dafür entwickelt haben; *Gauss, Bolyai* und *Lobachevsky*, die "Entdecker" der heute hyperbolisch genannten Geometrie; schließlich *Klein, Cayley* und *Poincaré*, die auf Basis von projektiver Geometrie und komplexen Zahlen eine einheitliche Beschreibung von euklidischen und nichteuklidischen Geometrien erreicht haben. Wer eine wirklich exzellent geschriebene und spannende Einführung zu den historischen Entwicklungen der Geometrie im neunzehnten Jahrhundert sucht, der sei auf das Buch von Yaglom [Yag] verwiesen. Auch das Geschichtswerk [Kl1] von Felix Klein selbst ist eine sehr interessante Einführung in dieses Thema.

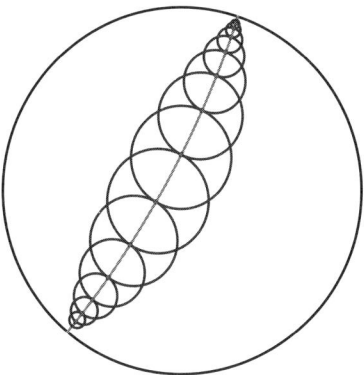

Hyperbolische Kreise von gleicher Größe

Während die *projektive Geometrie* die Grundlage für den Inzidenzgeometrischen Teil von **Cinderella** ist, bilden *Cayley-Klein-Geometrien* das mathematische Rückgrat des metrischen Teils.

- *Mathematische Konsistenz:* Um es in einem Bild zu sagen: "Die geometrischen Konstruktionen, die wir in **Cinderella** machen, sollen sich wie in einem vernünftigen geometrischen Universum verhalten. In diesem sollten keine unnatürlichen Dinge passieren."

In anderen Systeme für dynamische Geometrie (oder auch parametrisches CAD) treten Inkonsistenzen, zum Beispiel Unstetigkeiten auf: Plötzlich springen ganze Teile der Konstruktion unkontrollierbar um, obwohl nur eine kleine Änderung der Basiselemente vorliegt.

Cinderella löst dieses Problem komplett durch Anwendung einer neuen Theorie. Es verwendet dazu Ergebnisse der *Funktionentheorie* und kombiniert diese mit der oben erwähnten "alten Geometrie".

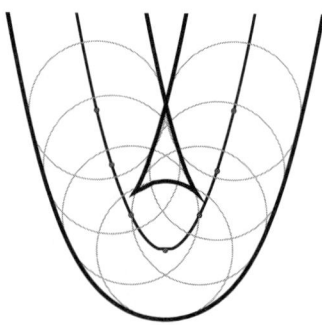

Offsetkurve einer Parabel:
eine Herausforderung für die meisten CAD-Systeme

Auf Basis dieser Theorie konnten wir **Cinderella** mit einer *automatischen Theorem-Überprüfung* ausstatten, die für einen Großteil der internen Entscheidungsprozesse von **Cinderella** grundlegend ist. Diese automatische Prüfung wird auch bei den Übungsaufgaben verwendet, um Operationen mit automatischem Feedback anzubieten. Außerdem haben wir dadurch ein generisches Werkzeug zur Konstruktion von korrekten und vollständigen Ortskurven (welche reelle Zweige von algebraischen Kurven sind).

- *Modulares Design:* Das Design von **Cinderella** wurde so modular wie möglich gehalten. Durch diesen Aufbau ist **Cinderella** bestens gerüstet für spätere Erweiterungen in die eine oder andere Richtung.

Schon die aktuelle Version profitiert von dem modularen Design. So ist es zum Beispiel möglich, ein und dieselbe geometrische Konstruktion in verschiedenen geometrischen Umgebungen gleichzeitig anzusehen. Wenn wir etwa eine Konstruktion in der hyperbolischen Geometrie haben, können wir sie gleichzeitig im Poincaré-Modell und im Beltrami-Klein-Modell betrachten und bearbeiten. Die simultane Verwendung verschiedener Ansichten ist für ein tieferes Verstehen einer Konfiguration sehr hilfreich. Zum Beispiel wird das "Verhalten im Unendlichen" einer Konfiguration sofort klar, wenn man sie in der sphärischen Ansicht betrachtet.

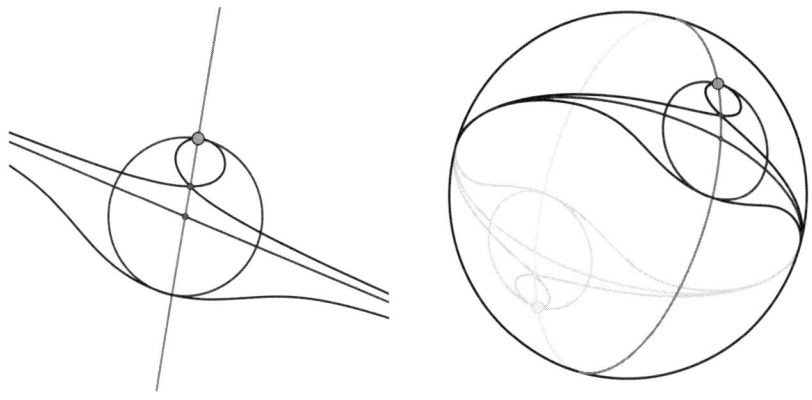

Konchoide in euklidischer   *und sphärischer Ansicht.*

2.3 Zum technischen Hintergrund

Für einen Anwender ist es normalerweise egal (oder sollte es zumindest sein), in welcher Programmiersprache ein Anwendungsprogramm geschrieben ist; technisches Detailwissen sollte für die Verwendung eines Programms prinzipiell nicht notwendig sein. Trotzdem möchten wir für Interessierte den informationstechnischen Hintergrund von *Cinderella* kurz darstellen.

Geschrieben wurde *Cinderella* in Java, einer von Sun Microsystems entwickelten plattformunabhängigen Sprache. Die Software läuft also auf jedem beliebigen Rechner, egal welches Betriebssystem er verwendet, vorausgesetzt dass es für dieses System eine sogenannte "Java Virtual Machine" (JVM) gibt. Diese virtuellen Javamaschinen sind von Sun Microsystems für Windows 95/98/NT/2000, Linux und Solaris erhältlich; darüber hinaus gibt es auch portierte Versionen für OS/2, MacOS, BeOS, AIX, Irix, HP-UX und viele andere Systeme. Tatsächlich werden Sie auf Ihrem Computer wahrscheinlich schon eine JVM installiert haben, weil Netscape Navigator und der Microsoft Internet Explorer eine integrierte JVM haben. Das wiederum bedeutet, dass Sie Javaprogramme als sogenannte "Applets" in einem Webbrowser ausführen können.

Wir wollen an dieser Stelle keine ausführliche Erklärung von Java bringen, sondern auf die offizielle Java-Homepage http://www.javasoft.com als Startpunkt für weitere Lektüre verweisen. Wir wollen aber kurz zusammenfassen, welche Konsequenzen sich für *Cinderella* aus der Wahl von Java als Programmiersprache ergeben.

Tatsache ist, dass die meisten Mathematik-Abteilungen diverse Unix-Workstations haben, obwohl Microsoft Windows das dominierende Betriebssystem unserer Tage ist. Manchmal findet man sogar innerhalb derselben Projektgruppe eine Mischung verschiedenster Systeme. Durch Java kann jeder *Cinderella* auf dieselbe Art und Weise verwenden, was auch immer das Betriebssystem seiner Wahl ist. Es ist sogar möglich, *denselben Code auf allen Ihren Computern* zu installieren. So konnten wir für die Entwicklungsarbeit unser Lieblingssystem (Linux) verwenden und dabei trotzdem sicher sein, ein möglichst breites Publikum zu erreichen.

Ein zweiter Vorteil ist die Möglichkeit, Javaprogramme in einem Webbrowser laufen zu lassen: Dadurch können Sie aus *Cinderella* interaktive Webseiten direkt exportieren. Sie können also Ihre Konstruktionen bequem ins Internet stellen, Ihre private Homepage mit Animationen würzen oder Ihren Schülern Konstruktions-Hausaufgaben geben. Unser Lizenzvertrag (S. 130) gewährt Ihnen viel Freiraum bei der Weitergabe der dabei nötigen Teile von *Cinderella*; bitte beachten Sie aber die wenigen Einschränkungen, die damit verbunden sind.

Java ist eine *interpretierte* Sprache, im Gegensatz zu *compilierten* Sprachen wie C oder C++, den heute gängigen Implementierungssprachen für den Großteil der Software. Interpretierte Sprachen haben einige technische Vorteile, sind aber leider aufgrund der zur Laufzeit nötigen Übersetzungsschritte meist langsamer. Java (beziehungsweise die virtuelle Maschine) wurde stark optimiert, und der Geschwindigkeitsunterschied ist jetzt nicht mehr so groß wie zu Beginn unseres Projektes, teilweise kann Java heutzutage sogar schneller laufen als C++-Programme. Dennoch mussten wir eine Menge manueller Optimierungen und Tricks verwenden, um eine akzeptable Geschwindigkeit und das "interaktive Feeling" von *Cinderella* zu erreichen.

Sie werden manchmal eine kurze Verzögerung merken, wenn Sie einen Punkt bewegen. Geben Sie dann nicht Ihrem Computer, Java oder *Cinderella* die Schuld. Die Verzögerungen kommen vielmehr von den extrem komplizierten Berechnungen, die für ein korrektes Ergebnis oder eine korrekte Bildschirmdarstellung nach Bewegungen nötig sind. Der Grund dafür ist einerseits die Erzeugung von korrekten Ortskurven, andererseits diverse Schnittberechnungen in Zusammenhang mit Kegelschnitten. Wir haben unser Bestes gegeben, diese Berechnungen zu beschleunigen; es gibt hier jedoch eine (mathematische) Obergrenze, wo wir die Genauigkeit nicht der Geschwindigkeit opfern möchten.

Abschließend möchten wir auch die Werkzeuge erwähnen, die uns bei der Erstellung von *Cinderella* und dieser Dokumentation geholfen haben. An erster Stelle ist hier *XEmacs* zu nennen, ein mächtiger und erweiterbarer Texteditor, der auf dem GNU Emacs aufbaut, der seinerseits eine Weiterentwicklung des originalen Emacs ist, den Richard Stallman in den 70er Jahren am MIT geschrieben hat. Es handelt sich dabei sicher um den besten erhältlichen Editor; wir haben ihn zum Schreiben des gesamten Programms wie auch der ganzen Dokumentation verwendet.

Das Programm selbst wurde mit Hilfe des *Java Development Kit* von Javasoft, einem Teilzweig von Sun Microsystems, entwickelt. Wir haben insbesondere die Linux-Portierung verwendet (siehe http://java.blackdown.org für weitere Informationen über das Java-Linux-Portierungsprojekt). *Linux* ist ein freies,

Unix-artiges Betriebssystem, das mit den Arbeiten von Linus Torvalds begann und seither stetig durch ein weltweites Netzwerk von einigen hundert Entwicklern verbessert wird.

Der Parser (verwendet zum Laden von abgespeicherten Konstruktionen) wurde mit Hilfe des Parser-Generators *ANTLR 2.5.0* erstellt. Es handelt sich dabei um ein Public-Domain-Programm, das von Terence Parr (jGuru.com) geschrieben wurde.

Die Nachoptimierung und Kompression des Codes wurde mit *Jax* durchgeführt, einem Produkt von alphaworks, der Forschungsabteilung von IBM. Wir möchten uns hiermit beim Jax-Team (insbesondere Frank Tip) für ihre Hilfe und bei IBM für die Erlaubnis der kommerziellen Nutzung von Jax bedanken. Leider ist das Projekt inzwischen beendet, und Jax wird nicht mehr weiterentwickelt.

Das *Concurrent Versions System (CVS)* von Cyclic Software hat den Großteil der Versionsverwaltung übernommen (und uns damit eine Menge an Bauchschmerzen erspart). Es ist ebenfalls freie Software.

Dank des "Browserkriegs" zwischen Microsoft und Netscape können wir **Cinderella**, gemäß den aktuellen Lizenzbestimmungen zur Weitergabe des *Netscape Navigator*, zusammen mit einem Java-1.1 kompatiblen Browser ausliefern.

Wir haben die Dokumentation von **Cinderella**, sowohl das gedruckte Handbuch als auch die Onlineversion, mit XEmacs in HTML geschrieben. Es sind also ein und dieselben Dateien, die Sie auf dem Bildschirm und im Handbuch sehen. Das Design der Webseiten benutzt Cascading Style Sheets (CSS); die Hardcopy-Version wurde mit Jan Karrmans *html2ps* erzeugt (das wir uns ein wenig zurechtgebogen haben).

Die Icons und Bilder in **Cinderella** haben wir selbst gezeichnet unter Verwendung von *The GIMP* (GNU Image Manipulation Program), geschrieben von Peter Mattis und Spencer Kimball. Unserer Ansicht nach ist das eines der imposantesten Freeware-Programme in Umlauf. Die zusätzlichen Bilder in der Dokumentation wurden zum einen Teil natürlich mit **Cinderella** erzeugt, zum andern mit einem frei erhältlichen 3D-Raytracing-Programm namens *Povray*.

Zwei Leute verdienen eine spezielle Erwähnung: *James Gosling*, der Vater der Programmiersprache Java, und *Jamie Zawinski*, verantwortlich für die ersten Unix-Versionen von Netscape Navigator. Beide sind mit XEmacs in besonderer Weise verbunden: Auf James Gosling geht die erste C-Implementierung von Emacs (bekannt unter dem Namen GOSMACS) zurück, und Jamie Zawinski war verantwortlich für die XEmacs-Versionen 19.0 bis 19.10; damals übrigens eine Kooperation von Lucid (jetzt nicht mehr im Geschäft) und Sun Microsystems (sic!).

3 Für Schnellstarter

Die beiden folgenden Abschnitte werden Sie durch einen Großteil der Funktionen von *Cinderella* führen. Nach Durcharbeiten der Übungen sollten Sie in der Lage sein *Cinderella* zu benutzen. Weitere Funktionen können Sie im Referenzteil (S. 47) dieses Handbuchs nachschlagen. Die meisten der dort beschriebenen Funktionen folgen einem fixen Schema, das wir auch in den vorliegenden Übungen erklären.

Zunächst ein paar generelle Richtlinien, wie Sie diese Übungen handhaben sollten:

- Lesen Sie den Text sorgfältig. Wenn Sie zu einem neuen Abschnitt kommen, lesen Sie ihn zuerst vollständig durch. Dann sollten Sie den Abschnitt noch einmal lesen und daneben *die beschriebenen Schritte durchführen*.
- Befolgen Sie die Anleitung genau. Sie werden in den Übungen aufgefordert, Konstruktionen in einer bestimmten Reihenfolge durchzuführen. Wenn Sie sich an diese Reihenfolge nicht halten, wird die Beschriftung der Elemente gegenüber dem Handbuch abweichen.
- Wenn Sie einen Fehler gemacht haben, gibt es stets die Möglichkeit, den letzten Schritt mit der Schaltfläche "Undo" (S. 52) der Werkzeugleiste rückgängig zu machen. Sie können beliebig viele Schritte rückgängig machen.
- Die Bilder in den Übungen sind mit Absicht nur Screenshots und keine Hochqualitätsdrucke. Dadurch können sie leicht mit der tatsächlichen Situation auf dem Bildschirm verglichen werden.

Jede Übung konzentriert sich auf ein bestimmtes Thema. Die angebotenen Hilfstexte werden dabei zunehmend weniger detailliert. Wir sind nämlich der Meinung, dass es ganz am Anfang hilfreich ist, *exakte* Anweisungen zu bekommen, aber je fortgeschrittener man wird, desto mehr Freiheit sollte man für die Durchführung der Operationen haben.

- *Der Satz von Pappos (S. 13)*
  In dieser Übung lernen Sie die grundlegenden Prinzipien für Konstruktionen in *Cinderella*. Sie werden lernen, wie man eine einfache Konstruktion durchführt.
- *Ein Dreiergestänge (S. 24)*
  Hier lernen Sie, wie man mit den Animationsfunktionen von *Cinderella* umgeht. Außerdem erfahren Sie, wie man Ortskurven erzeugt.

3.1 Der Satz von Pappos

Der Satz von Pappos ist einer der grundlegendsten Sätze der projektiven Geometrie, in gewisser Hinsicht sogar das Minimalbeispiel eines Satzes der Inzidenzgeometrie. Wir werden in dieser schrittweise aufgebauten Übung eine "bewegliche" Version dieses Satzes konstruieren.

3.1.1 Wir zeichnen den ersten Punkt

Wenn Sie *Cinderella* starten, erscheint das erste Fenster in einer "euklidischen Ansicht". Das Fenster hat eine umfangreiche Werkzeugleiste, mit der man die meisten Funktionen von *Cinderella* erreichen kann. Unterhalb der Werkzeugleiste finden Sie den Zeichenbereich, wo Sie die gewünschten Operationen durchführen können, indem Sie die benötigten Elemente anlegen und umher ziehen.

Sie werden feststellen, dass in der Werkzeugleiste eine Schaltfläche etwas dunkler als die anderen erscheint. Dadurch wird der aktuelle Modus von *Cinderella* angezeigt.

Dabei bezieht sich jede Mausaktion im Zeichenbereich auf den jeweils ausgewählten Modus. Im Augenblick befinden Sie sich im Modus "Punkt hinzufügen". *Bewegen Sie die Maus über den Zeichenbereich und drücken Sie die linke Maustaste.* Dadurch wird ein neuer Punkt hinzugefügt und mit einem Großbuchstaben beschriftet.

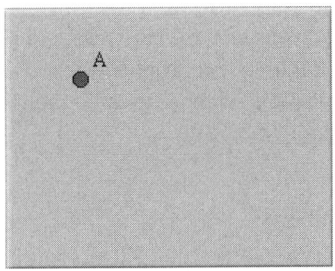

Abb. 1: Der erste Punkt

Bevor Sie einen weiteren Punkt hinzufügen, lesen Sie bitte weiter. Wenn Sie die linke Maustaste gedrückt halten, können Sie den neu erzeugten Punkt noch ziehen. Die Definition des Punktes wird der geometrischen Situation an der aktuellen Position des Mauszeigers angepasst. (Bis jetzt haben wir zwar noch nicht viel Geometrie, aber das wird sich ja bald ändern.) *Bewegen Sie die Maus über den Zeichenbereich, drücken Sie die linke Maustaste ohne sie loszulassen. Nun bewegen Sie mit der niedergedrückten Taste die Maus.* Wie Sie sehen, wird der neue Punkt mit dem Mauszeiger mitgezogen. Außerdem sehen Sie laufend die Koordinaten der aktuellen Position. Wenn Sie einen bereits existierenden Punkt erreichen (*probieren Sie das*), rastet der neue Punkt auf den alten ein. Erst nach dem *Loslassen der Maustaste* wird der neue Punkt zur Konstruktion hinzugefügt. Wenn Sie die Maus über einem alten Punkt loslassen, wird kein neuer Punkt erzeugt. *Spielen Sie mit diesen Funktionen und fügen Sie ein paar neue Punkte hinzu.*

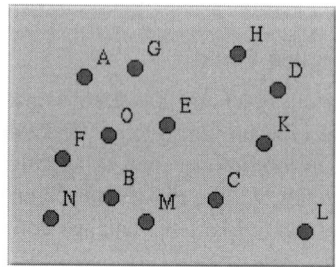

Abb. 2: Viele Punkte

3.1.2 Operationen rückgängig machen

Der Bildschirm wird jetzt ein wenig überfüllt ausschauen. Es gibt aber eine Operation, mit der Sie die ausgeführten Aktionen rückgängig machen können. Durch Betätigen der Schaltfläche ⬅ (S. 52) verschwindet der zuletzt hinzugefügte Punkt. *Machen Sie die Operationen solange rückgängig, bis genau zwei Punkte im Zeichenbereich übrig bleiben.* Sie können diese Funktion verwenden, wann immer Sie einen Fehler machen. Man kann dabei beliebig viele aufeinander folgende Operationen rückgängig machen.

3.1.3 Einen Punkt verschieben

Wir wollen mit unserer Konstruktion des Satzes von Pappos weitermachen. Die zwei übrigen Punkte *A* und *B* sollten sich dazu ungefähr in den Positionen von Abb. 3 befinden.

Ihre Punkte werden sich höchstwahrscheinlich noch nicht dort befinden. Um dies zu ändern, *wählen Sie den Modus "Elemente bewegen" (S. 55) (auch als Zugmodus bekannt), indem Sie die Schaltfläche* 🖱 *in der Werkzeugleiste betätigen.* Die Mausaktionen im Zeichenbereich fügen jetzt keine neuen Punkte mehr hinzu; dafür können Sie Punkte "greifen" und bewegen.

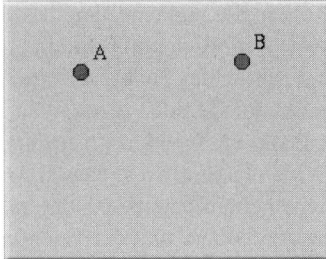

Abb. 3: Nach dem Verschieben

Bewegen Sie den Mauszeiger über den Punkt, den Sie verschieben wollen. Drücken Sie die linke Maustaste und ziehen Sie die Maus bei niedergedrückter Taste. Der Punkt folgt jetzt dem Mauszeiger. Sie werden auch feststellen, dass er in diesem Modus nicht auf Punkte einrastet. Beim *Loslassen der Maustaste* wird der Punkt neu platziert. Im Allgemeinen dient der Modus "Elemente bewegen" (wie der Name schon sagt) zum Bewegen beliebiger freier Elemente in einer Konstruktion. Der Rest der Konstruktion ändert sich dabei entsprechend.

3.1.4 Eine Gerade hinzufügen

Wir wollen jetzt eine Gerade von *A* nach *B* hinzufügen. *Dazu wechseln Sie in den Modus "Zwei Punkte mit Verbindungsgerade" (S. 61), indem Sie die Schaltfläche* betätigen. In diesem Modus können Sie mit der folgenden Maussequenz eine Gerade zwischen zwei Punkten erzeugen: *Gehen Sie mit dem Mauszeiger über den Punkt A und drücken Sie dann die linke Maustaste. Bewegen Sie jetzt die Maus mit niedergedrückter Taste über den Punkt B und lassen Sie dann die Maus los.*

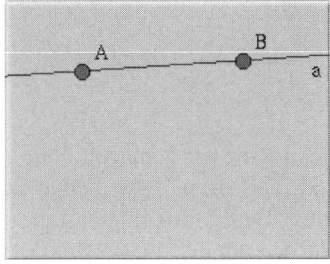

Abb. 4: Eine Gerade hinzufügen

Mit dieser Operation sollten Sie nun eine Gerade wie in Abb. 4 haben. Einige Dinge werden Ihnen dabei sicherlich aufgefallen sein. Beim Drücken der Maustaste über dem Punkt *A* wurde der Punkt hervorgehoben. Das bedeutet, dass dieser Punkt als Anfangspunkt der Geraden dient. Während Sie die Maus ziehen, gibt es stets einen zweiten Punkt an der Mausposition; dieser dient als Endpunkt der Geraden. Wenn Sie die Maus irgendwo loslassen, wird dieser Punkt hinzugefügt, es sei denn, Sie erreichen einen bereits existierenden Punkt. In diesem Fall wird der Punkt wieder hervorgehoben, und der Endpunkt rastet darauf ein. Wir haben diese Methode verwendet, um die Gerade am Punkt *B* festzumachen.

Wenn Sie diese Dinge nicht bemerkt haben oder wenn Ihnen ein Fehler unterlaufen ist, machen Sie bitte die Operationen rückgängig und versuchen Sie es noch einmal von vorne. Bevor Sie weitermachen, sollte Ihr Zeichenbereich wie in Abb. 4 aussehen.

3.1.5 Weitere Geraden hinzufügen

Wir sind jetzt in der Lage, drei weitere Geraden hinzuzufügen, sodass wir schließlich bei Abb. 5 angelangen. Versuchen Sie, das mit nur drei Mausaktionen zu erreichen. *Bewegen Sie als erstes die Maus über den Punkt B und spannen Sie wie vorher mit niedergedrückter Maustaste eine Gerade zum (noch nicht existierenden) Punkt C. Dieselbe Maussequenz verwenden Sie für die Geraden von C nach D und von D nach E.*

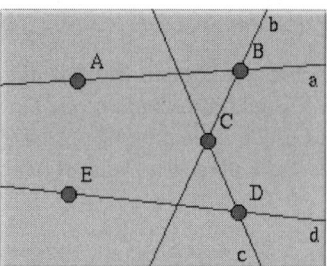

Abb. 5: Weitere Geraden

Man beachte: Das alles haben wir gemacht, ohne den Modus "Zwei Punkte mit Verbindungsgerade" zu verlassen. Also haben wir beim Hinzufügen der Punkte *A* und *B* (im Modus "Punkt hinzufügen") eigentlich eine Fleißaufgabe gemacht. Wir hätten direkt den Modus "Zwei Punkte mit Verbindungsgerade" verwenden können, weil sowohl Anfangs- wie auch Endpunkt bei Bedarf angelegt werden. Die bisher erzeugten Geraden wurden automatisch mit den Kleinbuchstaben *a* bis *d* beschriftet.

3.1.6 Schnittpunkte konstruieren

Bleiben wir im Modus "Zwei Punkte mit Verbindungsgerade". Wir wollen jetzt eine Gerade vom Punkt *E* zum Schnittpunkt der Geraden *a* und *c* zeichnen. *Bewegen Sie die Maus über E und drücken Sie die Maustaste. Ziehen Sie die Maus jetzt mit niedergedrückter Taste zum Schnittpunkt von a und c und lassen Sie dann die Maus los.*

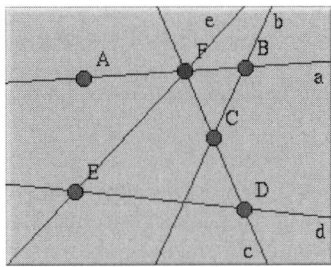

Abb. 6: Einen Schnittpunkt hinzufügen

Beim Erreichen des Schnittpunktes werden die beiden sich schneidenden Geraden hervorgehoben, und der Endpunkt der neuen Geraden rastet auf den Schnittpunkt ein. Beim Loslassen der Maus wird der neue Punkt als Schnittpunkt der beiden Geraden definiert. Wenn Sie die Punkte *A* bis *E* verschieben, wird sich auch die neue Gerade entsprechend verschieben.

Der neue Punkt *F* erscheint eine Spur dunkler. Damit soll deutlich werden, dass man *F* im Zugmodus nicht frei bewegen kann: *F* ist ein "abhängiger" Punkt, während die anderen Punkte der Konstruktion "frei" sind.

Zwei Anmerkungen sind hier angebracht: Mit derselben Prozedur hätten Sie auch einen "halbfreien" Punkt hinzufügen können, der an *eine* Gerade gebunden ist. Dazu müssen Sie nur die Maus über der einen Geraden loslassen. Diese Operationen zum Hinzufügen von Schnittpunkten, freien oder halbfreien Punkten funktionieren alle ganz analog im Modus "Punkt hinzufügen". Auch viele andere Modi, die sogenannten *interaktiven* Modi, verfügen über ähnliche Funktionen.

3.1.7 Fertigstellung der Zeichnung

Es sollte Ihnen nun leicht fallen, die Zeichnung durch Hinzufügen von vier weiteren Geraden zu vervollständigen. Die angestrebte Endkonfiguration ist in Abb. 7 zu sehen. *Fügen Sie zuerst eine Gerade von A zum Schnittpunkt von b und d hinzu. Dann zeichnen Sie zwei Geraden, von A nach D und von B nach E. Schließlich zeichnen Sie noch eine letzte Gerade von C zum Schnittpunkt von e und f.*

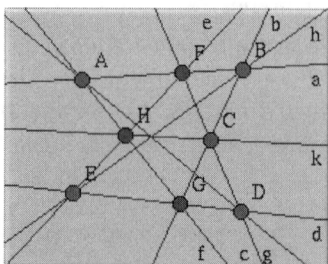

Abb. 7: Der Satz von Pappos

Sie haben jetzt insgesamt acht Punkte und neun Geraden hinzugefügt. Wenn Sie sich die Konfiguration einmal genauer ansehen, dann werden Sie feststellen, dass sich die Geraden *g*, *h* und *k* in einem Punkt treffen (vorausgesetzt Sie haben alles richtig gemacht). Das wird in einer solchen Konstruktion immer der Fall sein, und genau das sagt der Satz von Pappos. *Wechseln Sie in den Zugmodus*

(S. 55), indem Sie die Schaltfläche in der *Werkzeugleiste betätigen, und ziehen Sie die freien Punkte der Konstruktion hin und her, um sich von der Wahrheit dieses Satzes zu überzeugen.* Der Satz von Pappos war schon den Geometern im antiken Griechenland bekannt. Wie sich später zeigen sollte, spielt dieser Satz eine fundamentale Rolle in der Theorie der *projektiven Geometrie*.

3.1.8 Bearbeiten der Elementeigenschaften

Möglicherweise gefällt Ihnen das äußere Erscheinungsbild unserer Konstruktion noch nicht so recht. Die Geraden wirken vielleicht ein wenig zu dünn, und vielleicht würden Sie die Hauptaussage des Satzes gern etwas hervorheben. *Wählen Sie den Menüpunkt "Eigenschaften/Elementeigenschaften".* Es erscheint das in Abb. 8 dargestellte Dialogfenster.

Jede Änderung im Dialogfenster Elementeigenschaften ändern (S. 107) wird sofort auf die markierten Elemente angewandt. Für unser Beispiel *betätigen Sie*

die Schaltfläche "Geraden markieren" *(S. 53).* Wenn Sie jetzt *den Schieber "Liniendicke" auf die zweite Marke einstellen*, werden sämtliche Geraden dicker.

Als Nächstes *gehen Sie in den Modus "Elemente auswählen" (S. 57)* . Wenn Sie dann auf ein oder mehrere Elemente klicken, werden diese markiert und falls Sie dabei die Shift-Taste niedergedrückt halten, wird der Markierungszustand invertiert.

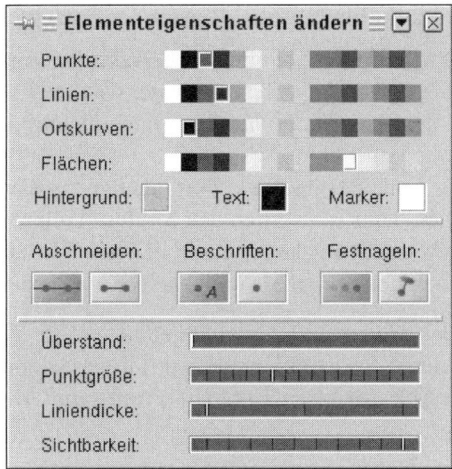

Abb. 8: Elementeigenschaften ändern

*Klicken Sie auf die Gerade **k**, halten Sie die Shift-Taste gedrückt und klicken Sie auf die Geraden **h** und **g**.* Die Geraden **g**, **h** und **k** sollten jetzt hervorgehoben sein. *Klicken Sie nun auf das rote Kästchen in der zweiten Farbpalette des Dialogfensters.* Die Farbe der drei Geraden ändert sich von blau auf rot. Auch die Dicke der drei Geraden können Sie ändern, indem Sie den Schieber "Liniendicke" auf die dritte Marke einstellen. Danach können Sie schließlich *die Markierung aufheben (S. 53) indem Sie die Schaltfläche* betätigen.

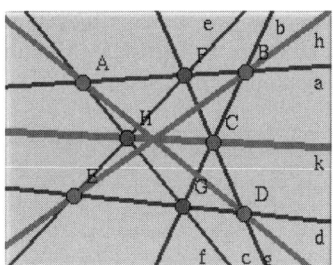

Abb. 9: Das Ergebnis hervorgehoben

3.1.9 Einen letzten Punkt hinzufügen: Beweis des Satzes

Bevor Sie weitermachen, öffnen Sie bitte *Cinderellas* Informationsfenster, indem Sie den Menüpunkt *Ansichten/Informationsfenster* wählen. Es wird ein Meldungsfenster angezeigt, in dem Sie *Cinderella* über einige nichttriviale Fakten der Konfiguration informiert.

Wir werden nun einen letzten Punkt dort erzeugen, wo sich die drei Geraden schneiden. Wir können dafür schwerlich den Modus "Punkt hinzufügen" verwenden, da uns *Cinderella* auf den Schnitt von drei Geraden keinen Punkt setzen lässt (da diese Situation mehrdeutig ist). Sie können aber einen passenden Punkt hinzufügen, wenn Sie *in den Modus "Schnittpunkt definieren" (S. 80)* ⋉ *wechseln.* In diesem Modus markieren Sie zwei Geraden, um ihren Schnittpunkt zu erzeugen. *Klicken Sie auf zwei von den roten Geraden, etwa g and h*, und der neue Punkt wird nun hinzugefügt.

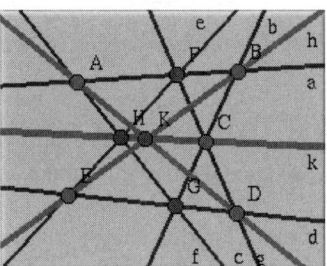

Abb. 10: Der Schnittpunkt

Beachten Sie bitte, dass der neu hinzugefügte Punkt **K** aufgrund des Satzes von Pappos stets auf der Geraden **k** liegt. Das Meldungsfenster informiert uns automatisch über diese bemerkenswerte Tatsache.

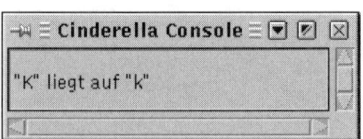

Abb. 11: Der Beweis des Satzes

Sie werden sich vielleicht wundern, wie dieser "Beweis" funktioniert. *Cinderella* verwendet *keine* symbolischen Methoden zur Konstruktion eines formalen Beweises, sondern eine Technik namens "randomisiertes Überprüfen von Sätzen". Dabei wird als erstes die Vermutung erzeugt: "Die Gerade **k** scheint stets durch den Punkt **K** zu gehen." Dann wird die Konfiguration in viele verschiedene Positionen bewegt, um jedes Mal die Gültigkeit der Vermutung zu überprüfen. Es mag lächerlich klingen, aber die Erzeugung von hinreichend (!) vielen willkürlichen (!) Beispielen des gültigen Satzes ist mindestens so aussagekräftig wie ein vom Computer generierter symbolischer Beweis. *Cinderella* benützt diese Methode fortlaufend, um die internen Datenstrukturen sauber und konsistent zu halten.

3.1.10 Punkte ins Unendliche verschieben

Untersuchen wir jetzt die Symmetrieeigenschaften des Satzes von Pappos. Um das Bild etwas übersichtlicher zu machen, verzichten wir einmal auf die Geradenbeschriftung und machen außerdem Punkte und Geraden etwas kleiner. *Zu diesem Zweck zuerst mit* ⊠ *alle Geraden markieren (S. 53). Die Beschriftung deaktivieren Sie durch Klicken auf das dafür vorgesehenen Feld im Dialog "Elementeigenschaften ändern". Stellen Sie die Liniendicke mit Hilfe des Schiebers auf "dünn". Wenn Sie dann noch mit* ⊡ *alle Punkte markieren (S. 53), können Sie auch die Punktgröße mit dem entsprechenden Schieber kleiner machen. Wählen Sie jetzt den Menüpunkt "Ansichten/Sphärische Zeichenoberfläche". Was Sie dann sehen, schaut auf den ersten Blick noch nicht sehr lehrreich aus.*

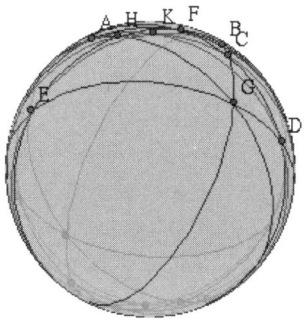

Abb. 12: Sphärische Ansicht

Es handelt sich um eine Zentralprojektion von der Zeichenebene auf eine Kugeloberfläche. Projektionszentrum ist der Kugelmittelpunkt (siehe Abb. 13). Jeder Punkt wird dabei auf ein Paar antipodaler Punkte und jede Gerade auf einen Großkreis (Äquator) abgebildet.

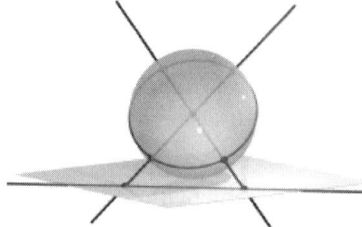

Abb. 13: Projektion von der Ebene auf die Kugel

In der sphärischen Ansicht gibt es einen kleinen roten Schieber, mit dem man den Abstand der Kugel von der Zeichenebene einstellen kann. Die Bewegung dieses Schiebers ermöglicht eine Art Zoomen auf der Kugel. *Bewegen Sie den Schieber von seiner ursprünglichen Position ziemlich weit nach rechts.* Dadurch sollte die Situation auf der Kugel um einiges klarer erscheinen, etwa so wie in Abb.&nsp;14 (vorausgesetzt Sie haben den Schieber richtig eingestellt). Sie können die alte Konstruktion deutlich wieder erkennen, freilich jetzt auf einer Kugel gezeichnet.

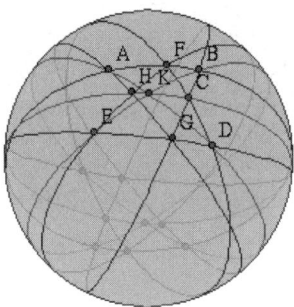

Abb. 14: Der Satz von Pappos auf einer Kugel

Das Bild bedarf einiger Erklärung: Man betrachte für jeden Punkt der Ebene die von ihm und dem Kugelmittelpunkt aufgespannte Gerade. Der Schnitt dieser Geraden mit der Kugeloberfläche ergibt das antipodale Punktepaar. Für jede Gerade betrachte man die von ihr und dem Kugelmittelpunkt aufgespannte Ebene. Der Schnitt dieser Ebene mit der Kugeloberfläche ist der Großkreis, der in der sphärischen Ansicht der Geraden entspricht.

Es gibt auf der Kugel auch Punkte, die keine Entsprechung in der euklidischen Ebene haben. Wenn die euklidische Ebene die Kugel im "Südpol" berührt, entspricht der Äquator den "Punkten im Unendlichen". Sie können in **Cinderella** die Konstruktion in jeder aktiven Ansicht bearbeiten, also können Sie auch Punkte verschieben in der sphärischen Ansicht. Alle Änderungen werden unmittelbar mit der euklidischen Ansicht synchronisiert. Insbesondere können Sie einen Punkt in der sphärischen Ansicht markieren und ins Unendliche verschieben.

Genau das werden wir jetzt tun, um eine nette dreifache Symmetrie in unserer Konstruktion zu entdecken. *Markieren Sie den Punkt A (in der sphärischen Ansicht) und verschieben Sie ihn in die 11 Uhr Position des Randes.* Dieser Punkt liegt dann tatsächlich "im Unendlichen". Beachten Sie, dass jetzt in der euklidischen Ansicht die Geraden durch *A* parallel werden: "Parallelen schneiden sich im Unendlichen." In analoger Weise *verschieben Sie den Punkt E in die 7 Uhr Position und den Punkt C in die 3 Uhr Position.* Ihre sphärische Ansicht sollte jetzt etwa so wie in Abb. 13 ausschauen. In der euklidischen Ansicht finden Sie drei Parallelenbündel vor, die eine Art euklidischen Sonderfall des Satzes von Pappos darstellen. Wenn Sie Lust dazu haben, versuchen Sie einmal, die dazugehörige Aussage über die Schnittpunkte und Parallelen zu formulieren.

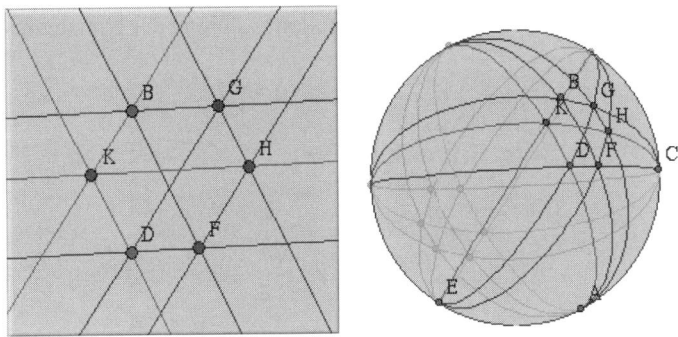

Abb. 15: Eine dreifache Symmetrie

Es kann übrigens passieren, dass die Zeichnung in der euklidischen Ebene zu groß oder zu klein wird. Verwenden Sie dann die Zoom-Werkzeuge, um einen passenden Bildausschnitt festzulegen. Es gibt dazu eine Schaltfläche "Vergrößern des Ausschnittes" ▱ (S. 99) und eine Schaltfläche "Verkleinern des Ausschnittes" ▱ (S. 99); beide liegen unterhalb der euklidischen Ansicht. Sie markieren mit der üblichen Maussequenz Drücken-Ziehen-Loslassen einen rechteckigen Bereich, in den hineingezoomt (Vergrößerung) bzw. von dem herausgezoomt (Verkleinerung) werden soll.

3.2 Ein Dreiergestänge

In der zweiten Übung wollen wir die Dynamik eines kleinen mechanischen Gestänges analysieren. Sie werden dabei insbesondere lernen, wie man Stangen mit einer fixen Länge erzeugt. Außerdem lernen Sie auch, wie man die Ortskurve eines Punktes generieren kann.

3.2.1 Eine Stange erzeugen

Nachdem Sie **Cinderella** gestartet oder die vorige Konfiguration gelöscht haben, *wechseln Sie in den Modus "Kreis um einen Punkt" (S. 69), indem Sie die Schalt-fläche* ⬚ *betätigen.* Dieser Modus ist für Kreise gedacht, deren Radius beim Verschieben der Mittelpunkte konstant bleiben soll. *Bewegen Sie den Mauszeiger über den Zeichenbereich und drücken Sie die linke Maustaste. Halten Sie die Taste niedergedrückt, während Sie die Maus ein Stück weit ziehen und dann wieder loslassen.* Mit diesen Mausaktionen haben Sie einen Kreis erzeugt. Gehen Sie in den Zugmodus, um das dynamische Verhalten des Kreises kennen zu lernen. Wenn Sie den Mittelpunkt auswählen, können Sie den Kreis verschieben ohne den Radius zu ändern. Sie können auch den Kreis selbst auswählen und bewegen. Dadurch bleibt der Mittelpunkt fixiert, während der Kreisradius variiert.

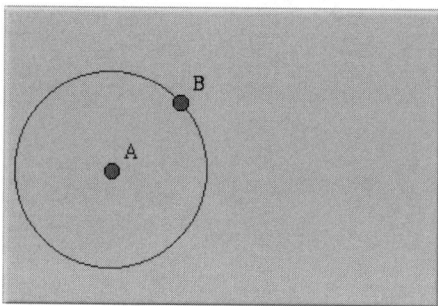

Abb. 1: Der erste Kreis

Wir wollen jetzt einen Punkt hinzufügen, der an den Kreis gebunden ist. *Wählen Sie den Modus "Punkt hinzufügen" und bewegen Sie die Maus über den Zeichenbereich. Fahren Sie mit niedergedrückter Maustaste zum Kreisrand hin und lassen Sie die Maus los, sobald der Kreis hervorgehoben ist.* Sie haben nun einen Punkt auf dem Kreis erzeugt. Es wäre auch möglich gewesen, einfach auf den Kreisrand zu klicken, aber dadurch hat man weniger Kontrolle darüber, ob man den Kreis getroffen hat. Ihre Konfiguration sollte jetzt etwa so wie in Abbildung 1 ausschauen.

Gehen Sie in den Modus "Elemente bewegen", um das dynamische Verhalten des neuen Punktes zu erkunden. Wenn Sie ihn markieren und die Maus ziehen, bewegt er sich auf dem Kreis, ohne ihn zu verlassen. Der Punkt bleibt dabei so nahe wie möglich beim Mauszeiger. Wenn Sie den Mittelpunkt des Kreises verschieben oder den Kreisradius ändern, bleibt der Punkt ebenfalls auf dem Kreis. Außerdem behält der Punkt den relativen Zentriwinkel bei.

Gehen Sie in den interaktiven Modus "Zwei Punkte mit Verbindungsgerade" und zeichnen Sie eine Gerade vom Mittelpunkt zu dem neuen Punkt. Öffnen Sie dann den Dialog "Elementeigenschaften ändern" und markieren Sie im Zeichenbereich die Gerade. Wir schneiden sie jetzt ab, indem wir im Elementeigenschaften-Dialog die Schaltfläche "Abschneiden" (S. 110) ▭ *betätigen* (siehe Abbildung 2).

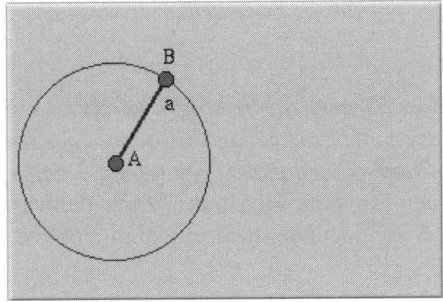

Abb. 2: Eine Stange

Diese Gerade verhält sich jetzt wie eine Stange mit einer fixierten Länge, gegeben durch den Kreisradius. Die einzige Möglichkeit ihre Länge zu ändern ist eine entsprechende Änderung des Kreisradius.

3.2.2 Zwei weitere Stangen erzeugen

Wir wollen noch zwei weitere Stangen hinzufügen, um das Dreiergestänge aus der Einleitung (Abschnitt 2.1.2) zu komplettieren. Das Gestänge besteht aus einer Verbindung von drei hintereinander liegenden Stangen, die an beiden Enden festgemacht ist. *Gehen Sie noch einmal in den Modus "Kreis um einen Punkt", um einen zweiten Kreis rechts vom ersten hinzuzufügen. Die beiden Kreise sollten sich nicht schneiden.*

Der Radius des zweiten Kreises repräsentiert die Länge der dritten Stange in dem Gefüge (die zweite haben wir bis jetzt noch nicht angelegt). Bevor wir die Konstruktion abschließen, lohnt es sich die Situation ein wenig zu analysieren. Wenn wir den Punkt *C* in unserer Konstruktion mit dem Punkt *B* durch zwei Stangen von gegebener Länge verbinden wollen, gibt es für den Verbindungspunkt dieser beiden Stangen nicht viel Freiheit. Tatsächlich gibt es genau zwei zulässige Positionen für diesen Punkt, die Schnittpunkte zweier Kreise: der eine um *C* (wir haben ihn bereits gezeichnet), der andere um *B*.

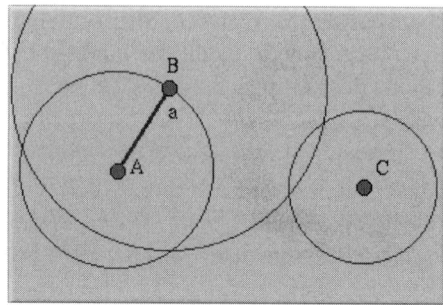

Abb. 3: Zwei weitere Kreise

Im nächsten Schritt *zeichnen Sie im Modus "Kreis um einen Punkt" den Kreis um B. Der Radius muss dabei groß genug sein, sodass der Kreis auch den zweiten Kreis mit dem Mittelpunkt C schneidet.* Abbildung 3 zeigt dieses Stadium der Konstruktion. Zeichnen Sie dann im Modus "Zwei Punkte mit Verbindungsgerade" eine Linie von *B* zu einem der beiden Schnittpunkte des Kreises um *B* und des Kreises um *C*.

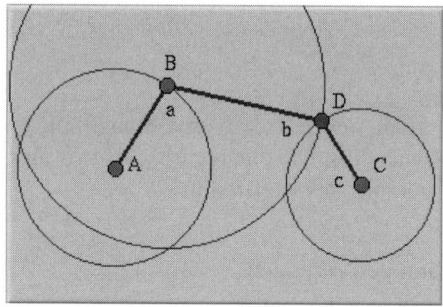

Abb. 4: Alle drei Stangen

Der neue Punkt wird automatisch mit *D* beschriftet. Wie Sie sicherlich bemerkt haben, ist dieser Punkt nicht frei, da seine Position bis auf die Wahl des zweiten Schnittpunkts eindeutig festgelegt ist durch die Positionen von *A*, *B* und *C* sowie den Radius des neuen Kreises.

Schließen Sie die Konstruktion ab durch Hinzufügen der dritten Stange von C nach D. Die Geraden erscheinen höchstwahrscheinlich alle abgeschnitten, da wir diese Einstellung im Elementeigenschaften-Dialog bereits fixiert haben. Ansonsten müssen Sie die betroffenen Geraden markieren und mit Hilfe des Dialogs

explizit abschneiden. Ihre Zeichnung sollte jetzt so wie in Abbildung 4 ausschauen.

3.2.3 Bewegen der Konstruktion

Die Länge der Stangen ist durch den jeweiligen Kreisradius festgelegt. *Wählen Sie*
wieder den Zugmodus und spielen Sie mit der Konstruktion. Wenn Sie den Punkt
B verschieben, passiert etwas Interessantes.

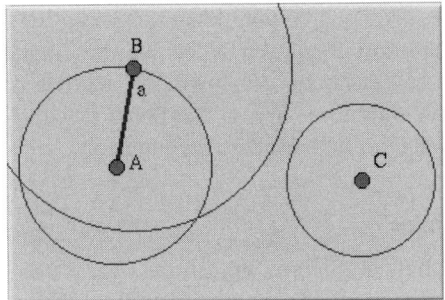

Abb. 5: Die Stangen sind zu kurz

Zunächst werden Sie bemerken, dass die ganze Konstruktion für die Bewegung des Punktes *B* genau einen Freiheitsgrad hat. Es verhält sich bei der Bewegung wie ein mechanisches Gestänge. Wir können die Bewegung von *B* als eine
Art "Antriebskraft" betrachten, so würden es jedenfalls die CAD-Leute formulieren. Es gibt Positionen des Punktes *B*, in denen die Stangen zu kurz sind (siehe
Abbildung 5), wo sich also die beiden Kreise nicht mehr schneiden. In diesem Fall
verschwinden die betroffenen Geraden mitsamt dem Schnittpunkt.

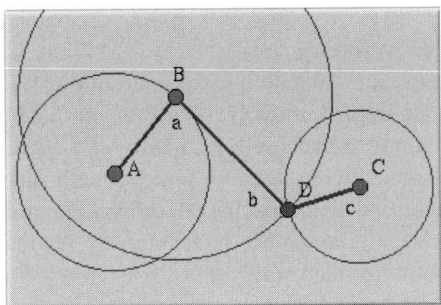

Abb. 6: Nach dem Zurückkommen

Eines der interessantesten Phänomene, das auf den ersten Blick vielleicht gar nicht auffällt, passiert beim Zurückkommen des Punktes *B* zu jener vorigen Position, wo sich die beiden Kreise zum ersten Mal wieder schneiden: Es wird jetzt der andere Schnittpunkt ausgewählt, und das Gestänge hat dementsprechend die andere zulässige Form. Probieren Sie das einige Male, um ein Gefühl dafür zu bekommen. *Bewegen Sie den Punkt B hin und her, sodass die Stangen verschwinden und wieder auftauchen.* Dieses Verhalten scheint auf den ersten Blick nicht sehr intuitiv, und trotzdem ist es genau richtig. Denken Sie einmal an Stangen aus einem konkreten Material, etwa Holz oder Eisen. Dann hätten diese Stangen auch eine bestimmte Masse. Was würde nun passieren, wenn Sie die ganze Konstruktion anstoßen und sich selbst überlassen, wobei nur die Trägheit wirkt? Die beiden Stangen, die in unserer Zeichnung verschwinden, würden dann in eine Position kommen, in der sie auf einer Linie liegen. Der Punkt *D* wird "hinübergleiten", und die ganze Konstruktion fährt in die andere Stellung.

3.2.4 Animation starten

Wenn Sie immer noch nicht glauben wollen, dass gerade dieses Verhalten völlig natürlich ist, *wählen Sie den Modus "Animation" (S. 91), indem Sie die Schaltfläche* betätigen. In der Meldungszeile unterhalb des Zeichenbereichs werden Sie aufgefordert, das "sich bewegende Element" zu markieren. In unserem Fall wählen wir *B* als den sich bewegenden Punkt; klicken Sie also auf *B*. Da dieser Punkt nur einen Freiheitsgrad hat, ist der Bewegungsverlauf klar, und die Animation wird sofort gestartet. Andernfalls hätten Sie noch eine "Straße" selektieren müssen, auf der sich der Punkt *B* bewegen soll. In unserer Konstruktion ist diese Straße schon festgelegt, der Kreis mit Mittelpunkt *A*.

Es erscheint ein kleines Fenster zur Steuerung der Animation. Darauf befinden sich Knöpfe zum Starten, Stoppen und Unterbrechen der Animation, ähnlich wie bei einem CD-Player. Mit einem Schieber können Sie außerdem die Animationsgeschwindigkeit regeln und mit der Schaltfläche "Animation beenden" (S. 91) den Modus wieder verlassen.

Genießen Sie für einen Augenblick die Animation. Wie Sie sehen, bewegt sich der Punkt *B* nur in dem Bereich, wo die Stangen noch lang genug sind; er "weiß", wann die Richtung zu wechseln ist. *Cinderella* versucht, das reale physikalische Verhalten zu modellieren (allerdings nicht durch Zuweisung von Massen, sondern mit Hilfe funktionentheoretischer Methoden zur Auffindung der jeweils vernünftigsten Lösung). Verlassen Sie jetzt bitte die Animation, indem Sie die Schaltfläche "Animation beenden" im Kontrollfenster betätigen. Das Fenster verschwindet dann, und die Animation wird gestoppt.

3.2.5 Ortskurve zeichnen

Wir wollen wissen, wie sich der Mittelpunkt der mittleren Stange während der Animation bewegt. Fügen wir also zuerst einmal den Mittelpunkt hinzu: *Gehen Sie in den Modus "Mittelpunkt zweier Punkte" (S. 71)* . Durch die übliche Maussequenz Drücken-Ziehen-Loslassen können Sie den Mittelpunkt von zwei Punkten erzeugen: *Bewegen Sie die Maus über den Punkt **D** und klicken Sie darauf. Mit niedergehaltener linker Maustaste gehen Sie jetzt über den Punkt **B** und lassen dort die Maus los.* Damit wird der Mittelpunkt **E** hinzugefügt.

Wählen Sie nun den Modus "Ortskurve definieren" (S. 89) . In diesem Modus müssen Sie ein "sich bewegendes Element", eine "Straße" und einen "zu verfolgenden Punkt" markieren. Ersteres ist die "Antriebskraft": dieser Punkt bewegt sich nun buchstäblich auf der vorgegebenen *Straße*. Diese verläuft also jederzeit durch das sich bewegende Element. Der zu verfolgende Punkt zieht dabei eine bestimmte Bahn, die gewünschte Ortskurve.

*Klicken Sie auf den Punkt **B** als das "sich bewegende Element".* **Cinderella** erkennt dann, dass dieser Punkt eine eindeutig festgelegte Straße hat und markiert daher auch gleich den Kreis. Sie müssen also nur mehr *den Punkt **E** als den "zu verfolgenden Punkt" selektieren.* Nach kurzen Berechnung wird die Ortskurve automatisch generiert. Wenn Sie jetzt in den Zugmodus gehen, können Sie sehen, wie sich die Ortskurve bei Bewegung der freien Elemente verändert.

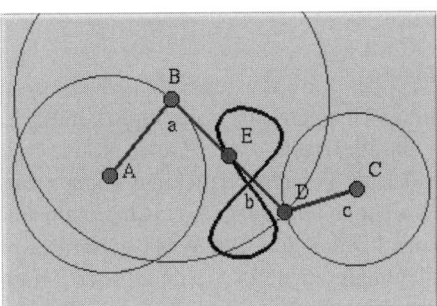

Abb. 7: Konstruktion einer Ortskurve

Wenn Sie schließlich *noch einmal den Animationsmodus auswählen und auf die Ortskurve klicken*, können Sie die deren Erzeugung beobachten.

4 Ein Blick hinter die Kulissen

4.1 Die Herausforderungen der dynamischen Geometrie

Überlegen wir uns einmal, wie die Interaktion zwischen Anwender und Geometrieprogramm im Idealfall ausschauen sollte. In gewisser Hinsicht sind die Anforderungen nicht viel anders als bei jedem anderen Programm:

- Das Programm sollte leicht zu bedienen sein,
- der Anwender soll durch keine Kuriositäten des Programms blockiert werden,
- er sollte nicht mit unnötigen Eingaben belastet werden,
- und die berechneten Ergebnisse müssen natürlich korrekt sein.

Unter diesen Anforderungen ist aber die dynamische Geometrie kein einfaches Gebiet. Dafür gibt es hauptsächlich zwei Gründe:

- Manche Probleme kommen von Spezialfällen, die schon im *statischen* Fall auftauchen.
- Andere Probleme wieder haben einen echt *dynamischen* Charakter.

4.1.1 Statische Probleme

Unsere "normale" Alltags-Geometrie ist voller Spezialfälle: Zwei Geraden können sich schneiden oder parallel sein; zwei Kreise können sich in zwei Punkten schneiden, in einem oder gar keinem. Manchmal können wir also selbst bei statischen Konstruktionen nicht so leicht sagen, was in einem solchen Spezialfall eine korrekte und vernünftige Lösung darstellt. Was ist zum Beispiel *die* Winkelhalbierende von zwei parallelen Geraden? Ist sie undefiniert? Kann man jede Parallele der beiden Geraden als Winkelhalbierende betrachten? Oder nur diejenige, die zu beiden äquidistant ist?

Nun könnten wir versuchen, von vorn herein alle Spezialfälle aus unserer Betrachtung auszuschließen. Aber erstens würden wir dadurch auch weniger exotische Fälle wie parallele Geraden ausschließen. Und zweitens passiert es immer wieder, dass abhängige Elemente in Spezialfällen landen, wenn wir in einer Konstruktion die Bewegung von Punkten gestatten (dabei handelt es sich aber immer noch um ein statisches Problem!).

Statische Probleme dieser Art wurden schon sehr lange untersucht. Die großen Geometer des neunzehnten Jahrhunderts waren mit ihnen vertraut, und dank ihrer Bemühungen konnten die meisten Probleme gelöst werden. Die Schlüsselidee dabei ist die allmähliche Erweiterung der euklidischen Geometrie zu einem größeren Gebilde. Zuerst wird die normale Ebene durch Elemente im

Unendlichen erweitert und so die *projektive Geometrie* eingeführt. Dann wird die zugrundeliegende algebraische Struktur auf die *komplexen Zahlen* erweitert. Dadurch werden im Wesentlichen sämtliche Spezialfälle der Geometrie eliminiert.

In einem wahrlich spannenden Entwicklungsprozess führten diese Ansätze schließlich um 1870 zu einem völlig konsistenen System, das die Phänomene der euklidischen Geometrie ebenso erklären konnte wie etwa die der hyperbolischen. Heute nennen wir dieses System "Cayley-Klein-Geometrie".

Der mathematische Unterbau und die Implementierung von *Cinderella* stützen sich auf dieses allgemeine Konzept. Dadurch kann *Cinderella* auch mit sämtlichen Spezialfällen umgehen und funktioniert in nichteuklidischen Geometrien ebenso wie in der euklidischen Geometrie. Und die angenehme Überraschung dabei ist, dass unser Programm durch die Verwendung dieses allgemeinen Konzepts keineswegs komplizierter wurde, ganz im Gegenteil: Die Vermeidung von Spezialfällen ermöglicht eine viel einfachere und direktere Programmstruktur.

4.1.2 Dynamische Probleme

Bei Systemen für dynamische Geometrie gibt es noch eine zweite Klasse von Problemen, die in gewissem Sinne subtiler als die statischen sind. Sie führen leider zu noch drastischeren Effekten. Angenommen wir haben eine Konstruktion mit Punkten, Geraden und Kreisen, etwa ein Schnitt zweier Kreise (oder eines Kreises mit einer Geraden). Während wir die Maus bewegen, muss das Programm für jede Position bestimmen, wo sich die abhängigen Elemente befinden. Dabei gibt es aber ein Problem: Zwei Kreise haben nämlich nicht nur einen Schnittpunkt, sondern zwei, und in unseren Rechnungen bekommen wir stets beide. Wie soll nun das System entscheiden, welchen wir "wollen"? Bei der Schnittkonstruktion ist die Antwort darauf leicht: "Nimm den Punkt der den kürzesten Abstand zur aktuellen Mausposition hat." Aber wenn wir anfangen die Konstruktion zu bewegen, ist die Antwort nicht mehr so einfach.

Am ehesten würden wir uns hier ein *stetiges* Verhalten des Programmes wünschen, und zwar im folgenden Sinne:

"Wenn wir eine kleine Bewegung mit einem freien Punkt machen, dann soll das bei den abhängigen Elementen nur eine kleine Veränderung bewirken."

Auf den ersten Blick ist es keineswegs klar, ob man diese Anforderung im allgemeinen überhaupt erfüllen kann. Starten Sie einmal ein beliebiges System für dynamische Geometrie bzw. parametrische CAD und machen Sie folgendes Experiment: Sie zeichnen eine horizontale Gerade und konstruieren zwei Kreise mit gleichem Radius, deren Mittelpunkte nur entlang der Geraden variieren dürfen. Jetzt bewegen Sie die Kreise in eine Position, wo sie sich schneiden und konstruieren den oberen Schnittpunkt der zwei Kreise. Dann bewegen Sie einen Kreis so, dass sein Mittelpunkt über den Mittelpunkt des anderen streicht. Höchstwahrscheinlich werden Sie dabei sehen, wie der Schnittpunkt plötzlich vom oberen

Schnitt auf den unteren umspringt; zumindest passiert das bei allen Systemen, die wir bisher ausprobiert haben. Dieses Verhalten verletzt natürlich unsere Forderung nach Stetigkeit: Wir machen eine kleine Bewegung, und ein abhängiger Punkt macht einen großen Sprung.

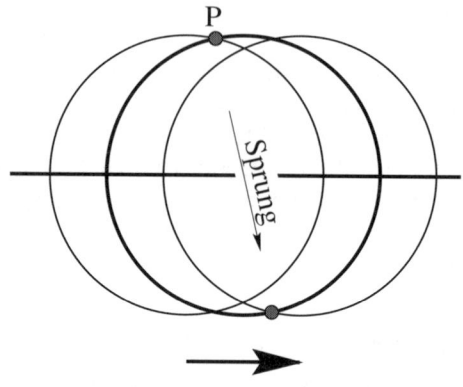

Das sollte nicht passieren!

Zunächst mag so ein einzelner umspringender Punkt als eine Kuriosität erscheinen, die man tolerieren kann. Aber was passiert, wenn große Teile einer Konstruktion von so einem umspringenden Punkt abhängen? Dann werden diese Konstruktionsteile ebenfalls umspringen, und zwar ohne jede Vorwarnung. Die meisten Systeme für dynamische Geometrie benutzen hier heuristische Methoden, die auf Orientierungsanalysen aufbauen und dadurch manche dieser Sprungsituationen vermeiden können. Dennoch bleiben in jedem System viele Fälle ungelöst. Tatsächlich gibt es einen Beweis, dass keine heuristische Methode alle dynamischen Probleme dieser Art lösen kann, sofern sie nur auf Orientierungen aufbaut [KRG]. In einem Artikel über dynamische Geometrie [Lab] formuliert Jean-Marie Laborde, der Hauptdesigner von Cabri Géomètre, das Problem folgendermaßen:

"Ich glaube, was wir brauchen ist eine echt mathematische Erfassung aller Konsequenzen, die sich aus diversen Erweiterungen der Geometrie zu einem größeren (dynamischen) System ergeben. Dabei kann es sich bei diesem System nicht um die projektive Geometrie handeln, wenn die Umgebung auch die Eigenheiten nicht statischer Objekte möglichst umfassend berücksichtigen soll, und diese sind ja das Herzstück der dynamischen Geometrie."

Cinderella ist das erste Programm, in dem das Umspringen abhängiger Elemente auf Basis einer Theorie gänzlich vermieden wird. Unter anderem gründet sich diese Theorie auf die Verwendung *komplexer Zahlen*, wie sie schon zur

Lösung der statischen Probleme eingesetzt wurden.

Die Verwendung dieser Theorie bringt viele Vorteile. Zum Beispiel bildet sie die Grundlage zur Erzeugung von korrekten Ortskurven. Betrachten wir dazu das "Dreiergestänge" aus der zweiten Übung. Die Erzeugung der Ortskurve basiert auf der korrekten Berechnung des Schnittpunkts zweier Kreise, während ein freier Punkt bewegt wird. In anderen Systemen für dynamische Geometrie wird man hier wahrscheinlich nur eine Hälfte der Achterkurve erhalten. Ein weiteres Beispiel sind die von *Cinderella* verwendeten Methoden der automatischen Prüfung von Sätzen, die auch wesentlich auf dieser Theorie aufbauen.

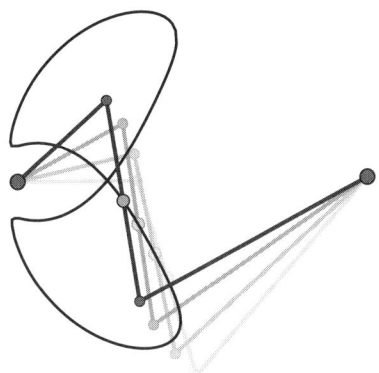

Noch einmal das "Dreiergestänge"

Diverse mathematische Methoden und Theorien bilden also die Grundlage für die Implementierung von *Cinderella*. Die folgenden Seiten wollen darüber einen kurzen Überblick geben.

4.2 Projektive Geometrie

Der erste und vielleicht wichtigste Schritt zum Aufbau einer konsistenten Geometrie ist die Erweiterung der gewöhnlichen euklidischen Ebene durch Elemente im Unendlichen. Sie haben sicherlich schon mal den Satz "Parallele Geraden schneiden sich im Unendlichen." gehört. Sie werden das auch plausibel finden, wenn Sie von einer Brücke auf eine lange, gerade Eisenbahnstrecke schauen. Dies ist der Schlüssel zur "projektiven Geometrie". Die Erweiterung der Geometrie durch unendliche Elemente ermöglicht es, viele Spezialfälle der gewöhnlichen euklidischen Geometrie zu eliminieren.

Die projektive Geometrie kann auf eine lange Tradition zurückblicken. Ihr historischer Ursprung führt uns zu den perspektivischen Studien berühmter Maler wie Albrecht Dürer und Leondardo da Vinci. Ihren mathematischen Ursprung finden wir im Werk von *Gaspard Monge*, der um 1795 eine Methode namens *deskriptive Geometrie* entwickelte, um räumliche Konfigurationen in ebenen perspektivischen Zeichnungen darzustellen. Monge bemerkte auch, dass man nichttriviale Eigenschaften ebener Konstruktionen herleiten kann, wenn man sie als Projektionen räumlicher Konfigurationen auffasst. Durch die Einführung von unendlichen Elementen in der Ebene konnte bei diesen Projektionen auch die Untersuchung der Parallelen auf sehr elegante Weise abgehandelt werden.

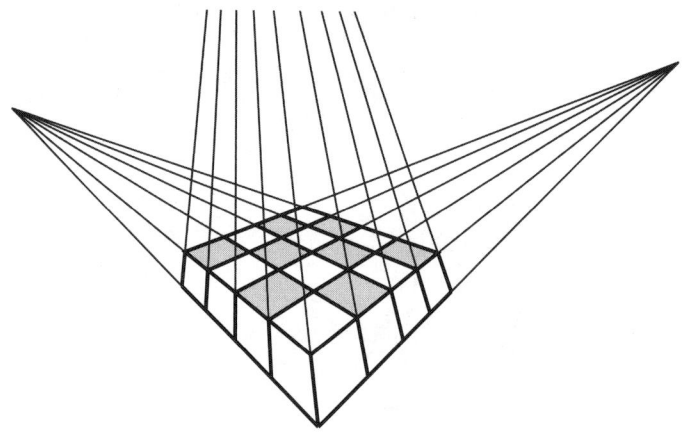

In perspektivischen Zeichnungen
schneiden sich die Parallelen

Die *projektive Ebene* besteht aus den Punkten der gewöhnlichen euklidischen Ebene zusammen mit je einem zusätzlichen "unendlichen" Punkt für jede mögliche Richtung. Die Geraden der projektiven Ebene sind die euklidischen Geraden zusammen mit einer speziellen "Geraden im Unendlichen". Alle unendlichen Punkte liegen auf dieser Geraden im Unendlichen. Es gelten die folgenden, wunderbar symmetrischen Beziehungen zwischen Punkten und Geraden:

- Zwei voneinander verschiedene Punkte haben stets genau eine Verbindugsgerade (engl. "join").
- Zwei voneinander verschiedene Geraden haben stets genau einen Schittpunkt (engl. "meet").

Der Erste, der diese Regeln um 1822 formalisierte, war *Victor Poncelet*, ein Student von Monge, den wir heute zurecht den "Vater der projektiven Geometrie" nennen können. In der projektiven Geometrie müssen wir Parallelen nicht als irgendwelche Sondererscheinungen behandeln: Sie haben genauso einen Schnittpunkt, nur liegt er eben im Unendlichen. Als gut lesbare Einführung in die projektive Geometrie verweisen wir auf die einschlägigen Werke von H. S. M. Coxeter [Cox1, Cox2].

4.3 Homogene Koordinaten

Auf einem Computer sind geometrische Objekte leider keine elementaren Datentypen. Ein Punkt oder eine Gerade muss durch Zahlen dargestellt werden, durch die Koordinaten. Normalerweise wird ein Punkt der Ebene durch seine *(x,y)*-Koordinaten beschrieben. Eine Gerade kann durch die drei Parameter *(a,b,c)* der Definitionsgleichung *ax + by + c = 0* gegeben sein. Wenn wir aber projektive Geometrie betreiben wollen, erweist sich dies als unpraktisch. Die Punktkoordinaten *(x,y)* stellen endliche Punkte dar, während es für die Punkte im Unendlichen keine Darstellung gibt. Die richtige Lösung dieses Problems wurde in der ersten Hälfte des neunzehnten Jahrhunderts nach und nach klarer. Es begann mit der Einführung der *baryzentrischen Koordinaten* durch Möbius, führte dann zum ausgefeilten Konzept der *homogenen Koordinaten* bei Plücker und gipfelte schließlich in Grassmanns Aufbau der *multilinearen Algebra*.

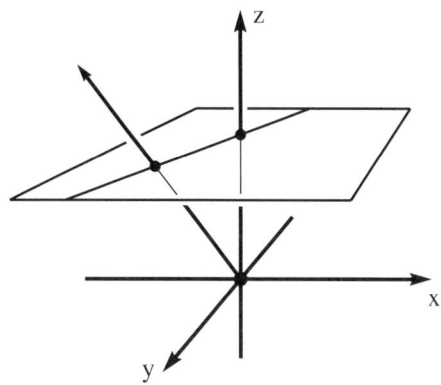

*Einbettung der Ebene
in den Raum*

Der Ausweg aus dem Dilemma sieht folgendermaßen aus: Wir verwenden für jeden Punkt drei statt zwei Koordinaten und führen dadurch eine dritte Dimension ein. Stellen wir uns dazu das folgende Szenario vor: Die Ebene wird parallel zur *(x,y)*-Ebene auf der Höhe *z = 1* in den dreidimensionalen Raum eingebettet (sie geht also nicht durch den räumlichen Ursprung).

Jeder Punkt *(x,y)* wird nun durch seine dreidimensionalen Koordinaten *(x,y,1)* dargestellt. Diese Koordinaten sind die *homogenen Koordinaten* des Punktes. Was geschieht aber mit den restlichen Punkten des dreidimensionalen

Raumes? Fast alle werden als Punkte der ursprünglichen Ebene interpretiert. Wir identifizieren nämlich alle dreidimensionalen Punkte, die sich nur durch einen Faktor ungleich Null unterscheiden. So beschreiben zum Beispiel die Koordinaten *(4,6,2)* und *(2,3,1)* denselben Punkt. Im allgemeinen identifizieren wir einen Raumpunkt *(x,y,z)* mit dem Punkt *(x/z,y/z,1)* der ursprünglichen Ebene. Man nennt diesen Vorgang auch Dehomogenisierung. Jeder Punkt der ursprünglichen Ebene entspricht sozusagen der Geraden, die von diesem Punkt und dem räumlichen Ursprung aufgespannt wird.

Allerdings gibt es auch Punkte im dreidimensionalen Raum, die zu keinem Punkt der ursprünglichen Ebene gehören: Die Punkte der Form *(x,y,0)* können nicht auf die eben beschriebene Weise dehomogenisiert werden, da wir sonst durch Null dividieren müssten. Genau diese Punkte entsprechen aber den "Punkten im Unendlichen", wie sie in der projektiven Geometrie verwendet werden. Um das zu sehen, untersuchen wir einmal das Verhalten eines Punktes, der sich in der ursprünglichen Ebene mehr und mehr gegen Unendlich bewegt.

Nehmen wir der Einfachheit halber an, der bewegte Punkt hat die Koordinaten *(r,r)*. Indem wir *r* wachsen lassen, wird er sich nach und nach jenem Punkt im Unendlichen nähern, der in der 45° Richtung liegt. Die homogenen Koordinaten dieses Punktes haben offensichtlich die Form *(r,r,1)~(1,1,1/r)*. Je mehr also *r* anwächst, desto stärker dominieren die ersten beiden Koordinaten gegenüber der dritten. Im Grenzfall, wenn also *r* gleich "unendlich" ist, sind die homogenen Koordinaten durch den unendlichen Punkt *(1,1,0)* gegeben. Es kann auch hilfreich sein, sich die Gerade vorzustellen, die durch den bewegten Punkt und den Ursprung geht. Während sich der Punkt auf das Unendliche zubewegt, wird die Gerade immer horizontaler, bis sie im Grenzfall ganz in der *(x,y)*-Ebene liegt.

Eine ähnliche Koordinaten-Darstellung kann man auch für Geraden einführen. Wir definieren für die Gerade *ax + by + c = 0* die Parameter *(a,b,c)* als ihre homogenen Koordinaten. Wie auch im Fall der Punkte identifizieren wir alle nicht verschwindenden Vielfachen solcher Koordinaten; sie ändern ja den Lösungsraum der zugehörigen Gleichung nicht. Analog zum Fall der Punkte gibt es auch hier einen Satz von Parametern *(0,0,1)*, dem keine endliche Gerade entspricht. Es handelt sich dabei um die "Gerade im Unendlichen". Der Vektor *(a,b,c)* einer Geraden steht senkrecht auf der von ihr und dem räumlichen Ursprung aufgespannten Ebene. Insbesondere ist nun der Vektor *(0,0,1)* senkrecht zur *(x,y)*-Ebene; er stellt die Gerade im Unendlichen dar.

Das algebraische Konzept der homogenen Koordinaten ermöglicht jetzt in der Tat eine vollständige Symmetrie zwischen Punkten und Geraden: Jeder Punkt und jede Gerade wird durch drei homogene Koordinaten dargestellt. Ein Punkt *(x,y,z)* liegt auf der Geraden *(a,b,c)* genau dann, wenn das Skalarprodukt *ax + by + cz* verschwindet; das ist nichts Anderes als die umgeschriebene Geradengleichung. Geometrisch bedeutet das einfach, dass die beiden zugehörigen Vektoren im dreidimensionalen Raum aufeinander senkrecht stehen.

4.4 Komplexe Zahlen

Nicht nur die Geometrie wurde im Laufe der Jahrhunderte erweitert. Ein ganz ähnlicher Prozess hat sich auch an den *Zahlen* vollzogen. Der erste Zahlbegriff der Menschheit war sehr wahrscheinlich durch die natürlichen Zahlen gegeben: *1, 2, 3, ...* Nun war es naheliegend, ausgehend von diesem Grundsystem mächtigere Zahlbegriffe einzuführen. Die *negativen Zahlen*, die *rationalen Zahlen* und die *reellen Zahlen* mussten erfunden werden, um zu einem nützlichen und in sich geschlossenen System zu gelangen. Eine wichtige Station auf diesem Weg war die Entdeckung, dass es Zahlen geben muss, die man nicht als Brüche zweier natürlicher Zahlen darstellen kann. Diese Entdeckung war zunächst rein geometrischer Natur und geht ungefähr auf das Jahr 600 v.Chr. zurück: Die Pythagoräer haben damals festgestellt, dass man die Länge der Diagonalen im Einheitsquadrat nicht mit einer rationalen Zahl messen kann. Nach Anwendung des pythagoräischen Lehrsatzes ist das ja äquivalent zur Aufgabe, eine Zahl *x* zu finden mit $x^2 = 2$. Diese Entdeckung führte in weiterer Folge zu einer tiefen Grundlagenkrise der antiken Geometrie.

Aber die Geschichte der Zahlsystemerweiterungen ist hier keineswegs zu Ende. Eine dieser Erweiterungen, vielleicht die mit den gravierendsten Folgen, war die Einführung der *komplexen Zahlen*. Es war *Geronimo Cardano* in seiner 1545 erschienenen *Ars Magna*, der als Erster explizit eine solche Erweiterung der reellen Zahlen vorschlug, als er die Nullstellen kubischer Polynome untersuchte. Zusammen mit den Arbeiten anderer Mathematiker seiner Zeit führte ihn diese Untersuchung schließlich zu der Entdeckung, dass eine vollständige und systematische Darstellung der Nullstellen nur mit Hilfe von bisher unbekannten Zahlen möglich ist.

Eine komplexe Zahl ist eine Zahl der Form *a + i·b*, wobei *i* die Gleichung $i^2 = -1$ erfüllt und *a* sowie *b* reelle Zahlen sind. Offensichtlich kann die Zahl *i* nicht reell sein, da ja das Quadrat einer reellen Zahl niemals negativ ist. Das System der komplexen Zahlen ist ebenso wie das der reellen Zahlen abgeschlossen bezüglich Addition und Multiplikation. Man kann also Summe und Produkt zweier komplexer Zahlen wieder in der Form *a + i·b* schreiben, wenn man die Parameter *a* und *b* geeignet wählt. Aber im Gegensatz zu den reellen Zahlen ist das System der komplexen Zahlen auch abgeschlossen bezüglich der Operation: "Finde die Nullstellen eines Polynoms." Betrachten wir zum Beispiel folgendes Polynom:

$$x^2 - 6x + 13 = 0$$

Wie man leicht sieht, hat diese Gleichung keine reellen Lösungen; dagegen erfüllen die komplexen Zahlen *3 + 2i* und *3 - 2i* die vorliegende Gleichung sehr wohl. Tatsächlich gilt das folgende schöne Resultat: *Jedes Polynom mit beliebigen reellen oder komplexen Koeffizienten hat alle seine Nullstellen im Körper der komplexen Zahlen.*

Die Entdeckung der komplexen Zahlen ist gewissermaßen der Startpunkt für die meisten Bereiche der modernen Mathematik. Viele mathematische Theorien finden ihre allgemeinste, eleganteste und ökonomischste Fassung, wenn sie über den komplexen Zahlen formuliert werden. Genau das passiert auch in der Geometrie. Betrachten wir die Situation zweier Kreise: Je nach ihrer Lage können sie *zwei, einen* oder *keinen* Schnittpunkt haben.

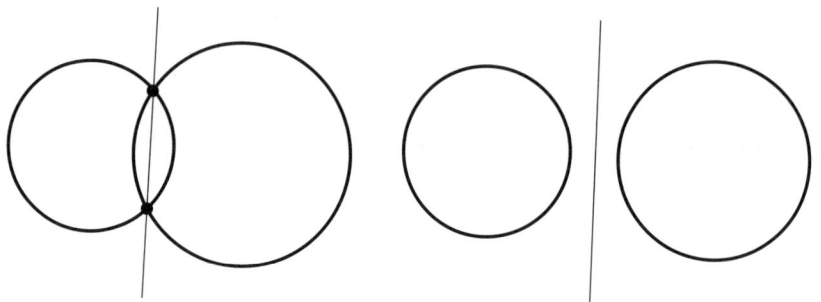

Kreise können sich schneiden ...   *... oder auch nicht.*

Wenn wir die Koordinaten der Schnittpunkte bestimmen, tun wir nichts Anderes als eine quadratische Gleichung zu lösen. Über den reellen Zahlen hat diese Gleichung möglicherweise keine Lösung. In diesem Fall schneiden sich die Kreise nicht. Über den *komplexen Zahlen* existiert aber immer eine Lösung. Wenn sich die Kreise nicht sichtbar schneiden, können wir daher sagen, dass die Schnittpunkte trotzdem existieren: *sie haben eben komplexe Koordinaten, also können wir sie in der reellen Ebene nicht sehen.*

Der mathematische Kern von *Cinderella* ist gänzlich über den komplexen Zahlen implementiert. Wenn also Schnittpunkte im Sichtbaren verschwinden, muss *Cinderella* keine Spezialfälle behandeln und kann somit weiterrechnen; die Lösungen haben einfach komplexe Koordinaten.

Was passiert nun, wenn zwei komplexe Punkte durch eine Gerade verbunden werden? Im Allgemeinen wird diese Gerade ebenfalls komplexe Koordinaten haben. Wenn die Punkte jedoch sogenannte *Komplex-Konjugierte* sind, sich also nur im Vorzeichen ihres komplexen Teils unterscheiden, dann ist ihr Schnittpunkt wieder reell. Die Schnittpunkte von zwei (reellen) Kreisen sind aber in der Tat stets komplex-konjugiert. Aus diesem Grunde ist auch die Verbindungsgerade ihrer Schnittpunkte eine reelle Gerade, egal wo die Kreise liegen. *Cinderella* berechnet und zeichnet diese Gerade auch in korrekter Weise, unabhängig von der Lage der Kreise. Es dauert zwar eine Weile, bis man sich an das Phänomen gewöhnt hat, dass Zwischenergebnisse verschwinden können, während gewisse davon abhängige Konstruktionen sichtbar bleiben. Aber gerade das sollte man eigentlich erwarten: Betrachten wir etwa den Fall, dass die Kreise denselben Radius haben. Die Gerade ist dann stets die *Mittelsenkrechte* auf der Verbindungsstrecke der beiden Mittelpunkte. Wenn man also die komplexen Situationen miteinbezieht, muss man hier weniger Spezialfälle betrachten.

Ein weiteres Beispiel für einen Satz, bei dem die Zwischenergebnisse verschwinden können, ist die folgende Aussage über drei Kreise. Konstruieren wir die Verbindungsgerade zwischen den Schnittpunkten eines jeden Paares. Die drei auf diesem Wege definierten Sehnen schneiden sich dann immer in einem Punkt, egal ob sich die Kreise selber schneiden oder nicht.

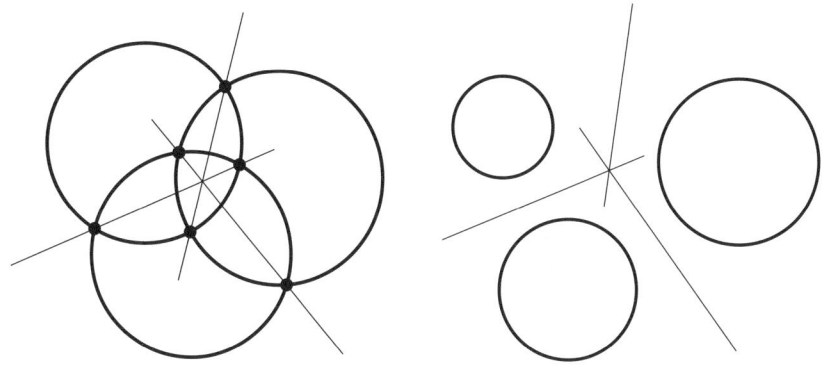

Die Punkte können
zwischendurch komplex sein...

... aber die Sätze gelten weiterhin!

In **Cinderella** wird also jeder Punkt und jede Gerade durch *komplexe homogene Koordinaten* dargestellt. Das bedeuetet, dass jeder Punkt und jede Gerade insgesamt eine sechsdimensionale (!) interne Darstellung im mathematischen Kern hat. Es mag verrückt klingen, aber das ist die natürlichste Vorgangsweise.

4.5 Messungen und komplexe Zahlen

Wenn wir nur projektive Inzidenztheorie betreiben wollten, wäre das oben beschriebene System im Prinzip ausreichend. Wir wollen aber auch Abstände und Winkel messen. In einem gewissen Sinn stellen ja Messungen die grundlegendsten Operationen in der Geometrie dar. Leider sind Messungen in der projektiven Geometrie vorderhand nicht möglich, weil Abstände unter perspektivischen Abbildungen im allgemeinen nicht invariant sind. Daher hat man die projektive Geometrie in der Mathematik auch lange Zeit als "nettes Spielzeug" für Inzidenzgeometrie betrachtet: leider ungeeignet für die Praxis, also *Messungen*!

Aber die Geschichte hat diese Ansicht widerlegt. Mit dem richtigen Aufbau erweist sich die projektive Geometrie als *das* universelle System für Messungen. In diesem System werden unterschiedliche Arten des Messens auf eine einheitliche Basis gestellt, sodass zum Beispiel auch der Zusammenhang von euklidischer und hyperbolischer Geometrie geklärt werden kann. Es hat jedoch lange gebraucht, bis man den algebraischen Unterbau gefunden hat, auf dem die projektive Geometrie ihre volle Kraft entfalten kann. Die dabei wesentlichen Objekte nennen wir nach heutigem Sprachgebrauch "Cayley-Klein-Geometrien". Es handelt sich hierbei um eine elegante und konsistente Theorie des Messens, die projektive Geometrie und komplexe Zahlen vereint.

4.5.1 Euklidische und nichteuklidische Geometrie

Diese Entwicklung begann zum Teil mit der Entdeckung der nichteuklidischen Geometrien. Unsere Geometrie des Alltags wird mit relative großer Genauigkeit durch die fünf euklidischen Axiome beschrieben. Euklid benutzte diese Axiome vor fast 2000 Jahren, um die Geometrie zu formalisieren. Das letzte Axiom, das sogenannten "Parallelenaxiom", spielt in der Entwicklung der Geometrie eine besondere Rolle. Es gibt dafür verschiedene Formulierungen, eine davon lautet: *"Es gibt in der Ebene für jede Gerade g und jeden Punkt P außerhalb von g genau eine Gerade durch P, welche g nicht schneidet."*

Euklid benutzte das Parallelenaxiom sehr behutsam. Große Teile seiner Abhandlungen, etwa die ganze Kongruenztheorie für Dreiecke, benötigen nirgendwo explizit dieses Axiom. Heute sind wir uns relativ sicher, dass Euklid selbst das Axiom als eine Folge der anderen vier Axiome betrachtete. Aber das konnte er nicht beweisen. Auch viele Mathematiker nach Euklid haben einen Beweis versucht, und manche haben sogar Beweise vorgelegt. Aber sämtliche Beweise waren fehlerhaft.

Vom 16. bis 18. Jahrhundert haben manche Mathematiker auch diverse äquivalente Formulierungen für das Parallelenaxiom gefunden. Eine der bekanntesten davon lautet: *"Die Summe der inneren Winkel eines Dreiecks ist 180°."* Wenn also diese Aussage von Euklids ersten vier Axiomen abgeleitet werden könnte, wäre die Abhängigkeit des Parallelenaxioms bewiesen.

Um die Abhängigkeit eines Axioms zu beweisen kann man das Gegenteil annehmen und davon Folgerungen ableiten, bis man zu einem Widerspruch gelangt. Viele haben das versucht, darunter auch so berühmte Mathematiker wie *C.F. Gauss*, *J. Bolyai* und *N. Lobachevski*. So wurde eine Folgerung auf die andere gehäuft, aber zu ihrer großen Überraschung kamen sie dabei nicht etwa zu einem Widerspruch, sondern vielmehr zu einer harmonischen neuen Theorie, zur *hyperbolischen Geometrie*. Das euklidische Parallelenaxiom erscheint hier in der folgenden Weise abgewandelt: *"Es gibt in der Ebene für jede Gerade g und jeden Punkt P außerhalb von g mehr als eine Gerade durch P, welche g nicht schneidet."* Daraus folgt dann auch, dass die Winkelsumme im Dreieck immer weniger als 180° ist. Zwischen 1815 und 1824 gelangten diese drei Mathematiker voneinander unabhängig zu der Überzeugung, dass ihr System widerspruchsfrei ist; schlichtweg, weil sie keinen Widerspruch finden konnten. Wir ehren sie heute als die Entdecker der hyperbolischen Geometrie, einem wahrhaft schönen System voller Harmonie. Und was uns noch mehr erstaunt: sie konnten zudem auch

beweisen, dass die neue Theorie unter der Annahme des modifizierten Parallelenaxioms bis auf triviale Isomorphien eindeutig ist!

Man sollte wohl anmerken, dass höchstwahrscheinlich Gauss um 1816 als
Erster zu dieser Schlussfolgerung gelangte. Er wagte es jedoch nicht, seine Resultate zu veröffentlichen, da er den Konflikt mit den damals tonangebenden Schulen
der kantschen Philosophie scheute. Sie betrachteten eine Gerade als Paradebei-
spiel für Dinge, die "a priori" klar sind.

Wer sich für die Geschichte der Mathematik interessiert, den möchten wir
auf die Bücher von Bell [Bel1, Bel2] und Struik [Str] verweisen. Als Einführung
in die hyperbolische Geometrie empfehlen wir das Buch von M. J. Greenberg
[Gre].

4.5.2 Cayley-Klein-Geometrien

Es war lange Zeit nicht klar, ob das System der hyperbolischen Geometrie tatsächlich widerspruchsfrei ist. Es fehlte ein Modell für diese Struktur, ein mathemati-
sches Objekt, das die ersten vier euklidischen Axiome sowie das modifizierte Parallelenaxiom befriedigt. Abgesehen von kleineren Mängeln war Beltramis Modell
von 1868 das erste dieser Art. Zur vollen Blüte einer allgemeinen Theorie kam es
aber erst, als Felix Klein, ein Schüler von Plücker, seine erste Version der heute so
genannten "Cayley-Klein-Geometrien" vorstellte [Kl2]. Er reduzierte im wesentlichen die hyperbolische Geometrie zu Konstruktionen der euklidischen Geometrie;
daraus folgt aber: "Wenn die euklidische Geometrie widerspruchsfrei ist, dann
auch die hyperbolische." Dadurch wurden endlich alle Probleme rundum Euklids
fünftes Axiom gelöst.

Die Idee hinter den Cayley-Klein-Geometrien ist die Verwendung der projektiven Ebene zusammen mit einem ausgezeichneten Kegelschnitt als "Fundamentalobjekt". Dabei wird eine spezielle globale Messung eingeführt, die nur vom
Fundamentalobjekt abhängt. Je nach Typ des gewählten Fundamentalobjekts entstehen dabei auch verschiedene Typen von Geometrien: *euklidische Geometrie*,
hyperbolische Geometrie, *elliptische Geometrie*, *relativistische Geometrie* sowie
drei weitere Geometrien von geringerer Bedeutung.

Wir werden hier nicht ins Detail gehen, sondern einfach die wichtigsten
Definitionen für Cayley-Klein-Geometrien vorlegen und ein paar elementare Phänomene aufzeigen. Als erstes brauchen wir den Begriff des *Doppelverhältnisses*:
Gegeben seien vier Punkte *A*, *B*, *C*, *D* auf einer Geraden. Ihr Doppelverhältnis ist
definiert als die Zahl

$$(A,B \mid C,D) := ((A\text{-}C)(B\text{-}D)) \, / \, ((A\text{-}D)(B\text{-}C)),$$

wobei *(A-C)* für den normalen "euklidischen Abstand" zwischen den Punkten
A und *C* steht. Das Doppelverhältnis kann auch ohne Rückgriff auf den euklidischen Abstandsbegriff definiert werden, was für eine systematische Behandlung

der Geometrie von Bedeutung ist, weil es darin klarerweise keine Zirkelschlüsse geben darf.

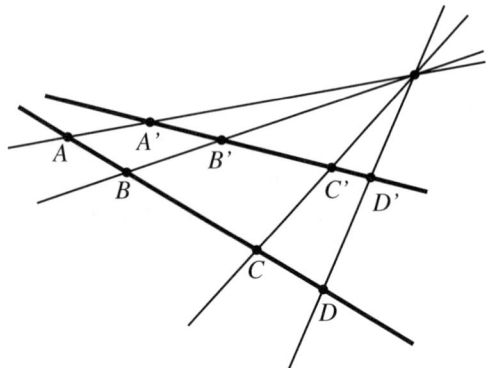

Das Doppelverhältnis

Das Doppelverhältnis ist in der projektiven Geometrie von herausragender Bedeutung, weil es invariant unter perspektivischen Transformationen ist. Wenn wir also vier Punkte *A, B, C, D* auf einer Geraden durch Zentralprojektion auf vier Punkte *A', B', C', D'* einer zweiten Geraden abbilden, ist das Doppelverhältnis der zwei Punkt-Quadrupel gleich.

Analog kann man das Doppelverhältnis von vier Geraden durch einen Punkt *P* definieren als das Doppelverhältnis von vier Schnittpunkten dieses Geradenbüschels mit einer beliebigen weiteren Geraden, die nicht durch den Punkt *P* geht.

Damit ist die Definition einer Cayley-Klein-Geometrie einfach. Man wähle eine quadratische Form

$$ax^2 + by^2 + cz^2 + dxy + exz + fyz = 0.$$

Die Lösungsmenge dieser Gleichung beschreibt einen (möglicherweise komplexen) Kegelschnitt in der projektiven Ebene, das Fundamentalobjekt dieser Geometrie. Damit sind Winkel- und Abstandssmessungen folgendermaßen definiert: Um den Abstand zweier Punkte *A* und *B* zu finden, schneide man ihre Verbindungsgerade mit dem Fundamentalobjekt; die Schnittpunkte seien *X* und *Y*. Nun berechne man das Doppelverhältnis *(A,B | X,Y)*, logarithmiere diese Zahl und nenne das Ergebnis den "Abstand" *dist(AB)* von *A* und *B*.

Winkel werden analog gemessen. Um den Winkel zwischen zwei Geraden *L* und *M* zu finden, bestimme man zuerst ihren Schnittpunkt und lege durch ihn Tangenten *P* und *Q* an das Fundamentalobjekt. Dann berechne man das Doppelverhältnis *(L,M | P,Q)* und logarithmiere wieder. Das Ergebnis nennen wir dann den "Winkel" *angle(LM)* zwischen *L* und *M*. Normalerweise werden diese beiden

Funktionen noch mit kosmetischen Konstanten *r* und *s* multipliziert, damit sie mit
den traditionellen Definitionen von Abstand und Winkel übereinstimmen.

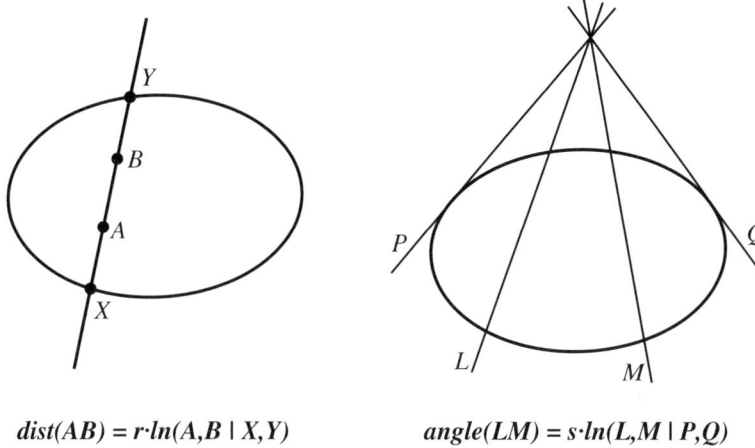

$$dist(AB) = r·ln(A,B \mid X,Y) \qquad angle(LM) = s·ln(L,M \mid P,Q)$$

Erstaunlicherweise ist das alles, was man wissen muss. Je nach Typ des
gewählten Fundamentalobjekts gelangt man so zu verschiedenen Arten von Geometrien. Bis auf Isomorphie gibt es es genau sieben verschiedene Geometrien, die
man auf diese Art erhält. Die drei wichtigsten Möglichkeiten für die Wahl des
Fundamentalobjekts sind diese:

1. Der Kreis $x^2 + y^2 - z^2 = 0$.
   Die daraus resultierenden Messungen entsprechen der hyperbolischen Geometrie.
2. Der entartete Kegelschnitt $x^2 + y^2 = 0$.
   Die daraus resultierenden Messungen entsprechen der gewohnten euklidischen Geometrie.
3. Die Gleichung $x^2 + y^2 + z^2 = 0$ ohne reelle Lösungen.
   Die daraus resultierenden Messungen entsprechen der elliptischen Geometrie.

Zwei Anmerkungen sind hier angebracht:

- Für die Abstände der euklidischen Geometrie braucht man noch einen
  kleinen Trick, weil die Formeln der Cayley-Klein-Geometrie per se stets
  einen Nullabstand liefern. Der Grund dafür ist, dass es in der euklidischen
  Geometrie keinen "absoluten" Abstandsbegriff gibt und somit jede Länge mit
  einer Einheitslänge verglichen werden muss. Durch eine Grenzwertbetrach-
  tung kommt man aber sofort zu den richtigen Formeln.
- Die Schnittpunkte und Tangenten in der obigen Konstruktion haben nicht

unbedingt reelle Koordinaten. In der elliptischen Geometrie etwa hat das Fundamentalobjekt gar keine reellen Punkte. In diesem Fall sind natürlich die Schnittpunkte des Fundamentalobjekts mit einer Geraden stets komplex.

Der metrische Teil von *Cinderella* basiert auf Cayley-Klein-Geometrien. Alle einschlägigen Berechnungen (Längen, Winkel, Orthogonalität, Kreise usw.) beziehen sich auf ein Fundamentalobjekt.

Zum Abschluss wollen wir zumindest ein Phänomen aufzeigen, das durch diese allgemeine Theorie entsteht. Man bekommt dadurch ein bisschen ein Gefühl dafür, wie komplexe Zahlen, Doppelverhältnisse und die projektive Geometrie mit dem Messprozess zusammenhängen.

Betrachten wir den Fall der euklidischen Geometrie. Das Fundamentalobjekt ist hier durch die Gleichung $x^2 + y^2 = 0$ gegeben. Unter Benutzung von komplexen Zahlen können wir diese quadratische Form in zwei Linearformen aufspalten: $x^2 + y^2 = (1 \cdot x + i \cdot y + 0 \cdot z) \cdot (1 \cdot x - i \cdot y + 0 \cdot z)$. Die in dieser Formel auftauchenden Punkte *I* := *(1,i,0)* und *J* := *(1,-i,0)* spielen in der euklidischen Geometrie eine besondere Rolle; sie bleiben bei allen euklidischen Transformationen unverändert. Somit können wir in einem sehr präzisen Sinne sagen: *"Die Euklidische Geometrie ist die projektive Geometrie zusammen mit I und J."*

Die Punkte *I* und *J* nennt man manchmal die *imaginären Kreispunkte*, da sie in einer ganz besonderen Beziehung zu den Kreisen stehen: Jeder euklidische Kreis geht durch *I* und *J*. Um das zu sehen, betrachten wir die allgemeine Kreisgleichung in homogenen Koordianten

$$x^2 + y^2 + cz^2 + exz + fyz = 0.$$

Wenn wir jetzt die Koordinaten von *I* und *J* einsetzen und die üblichen Rechenregeln für komplexe Zahlen verwenden, sehen wir sofort, dass die Kreisgleichung erfüllt ist. Wir können also sagen, dass ein Kreis ein spezieller Kegelschnitt ist, der durch *I* und *J* geht. Ist aber einmal der Begriff des Kreises geklärt, kann man nun leicht definieren, wann zwei Abstände oder Winkel gleicht sind. Die restlichen Begriffe der euklidischen Geometrie können daraus unmittelbar abgeleitet werden.

4.6 Das Stetigkeitsprinzip

Es wurde schon im Vorwort dieses Handbuchs erwähnt, dass *Cinderella* einige grundlegend neue Methoden zur Vermeidung von Inkonsistenzen verwendet. Das in den vorangehenden Abschnitten vorgestellte geometrische System stellt ein in sich geschlossenes Geometriesystem inklusive Messungen dar. Bis jetzt geht aber noch ein Element ab, das für *Cinderella* zentral ist: *Dynamik*. Die meisten anderen Systeme für dynamische Geometrie oder parametrische CAD haben hier Schwierigkeiten, weil durch eine unzulängliche Behandlung dynamischer Spezialeffekte verschiedene Inkonsistenzen entstehen. Betrachten wir etwa den "Satz", dass *sich in einem Dreieck die Winkelhalbierenden der Seiten in einem Punkt schneiden.* Jedes Seitenpaar hat jedoch zwei Winkelhalbierende, die aufeinander senkrecht stehen. Die obige Behauptung nun kann wahr oder falsch sein, je nach Wahl der Winkelhalbierenden. Angenommen, wir haben nun eine Konstruktion erzeugt, in der unser "Satz" gilt (d.h. wir haben die richtigen Winkelhalbierenden gewählt). Jetzt ziehen wir die Eckpunkte hin und her, und plötzlich, ohne Grund, springt eine Winkelhalbierende in die andere Position, sodass unser "Satz" falsch ist. So eine Situation kann in jedem System auftreten, das keine Sondermaßnahmen parat hat gegen die Spezialprobleme, die sich aus den dynamischen Aspekten der Geometrie ergeben.

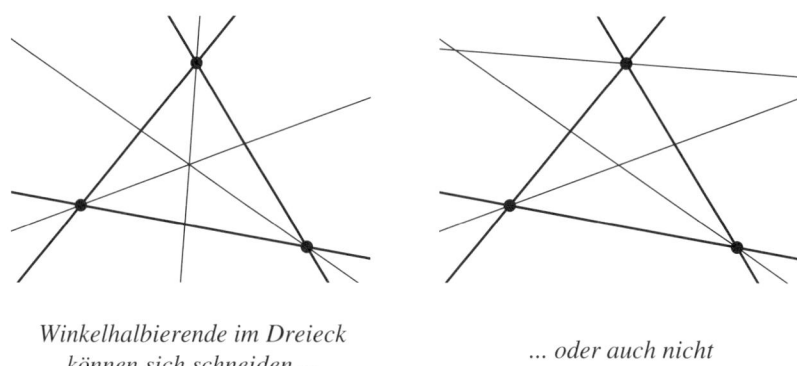

Winkelhalbierende im Dreieck
können sich schneiden ...

... oder auch nicht

Schauen wir uns noch eine andere kleine Konstruktion an: Wir zeichnen zwei Kreise und selektieren einen ihrer Schnittpunkte. Während wir die Elemente hin und her ziehen, muss *Cinderella* bei jeder Mausbewegung entscheiden, welchen Schnittpunkt wir "meinen".

Ein erster Ansatz zum "Verfolgen" dieses Schnittpunkts ist die Regel: *"Nimm stets den Schnittpunkt, der am nähesten zur vorigen Position ist."* Denn das entspricht genau der Definition von Stetigkeit. Aber wie sollen wir dann mit verschwindenden Schnittpunkten umgehen? Wieder zahlt es sich aus, wenn alles im Komplexen implementiert ist. In *Cinderella* verschwinden Schnittpunkte niemals, sie können nur komplex werden. Also müssen wir die Schnittpunkten im Komplexen verfolgen und dabei die obige Regel verwenden.

Das reicht allerdings noch nicht aus. Wenn man zwei sich ursprünglich schneidende Kreise trennt, gibt es stets eine Position, in der beide Schnittpunkte zusammenfallen. Wie kann man die Punkte in dieser Situation voneinander unterscheiden? Diesmal können wir uns mit Hilfe der Funktionentheorie retten: *Wenn wir "Umwege" durchs Komplexe erlauben, gibt es stets einen Pfad, der alle entarteten Situationen vermeidet.* Diese Methode funktioniert wieder nur durch die Einbettung ins Komplexe.

Wenn wir im Bewegungsmodus von *Cinderella* die Maus von einer Position *A* zu einer anderen Position *B* ziehen, passiert in etwa Folgendes:

- *Cinderella* erzeugt von *A* nach *B* einen Pfad durchs Komplexe unter Vermeidung aller Entartungen und
- verfolgt auch die abhängigen Elemente durchs Komplexe,
- wobei die Anzahl der Zwischenschritte der erwünschten Genauigkeit angepasst wird.

Zum Verfolgen der abhängigen Elemente benützt *Cinderella* einen Algorithmus mit adaptiver Schrittweite. Man möge sich vorstellen, wie der Mauszeiger beim Bewegen der Konstruktionselemente den "reellen Bildschirm" verlässt und durchs Komplexe wandert.

Warum der ganze Aufwand? Weil wir mit diesen Methoden garantieren können, dass keine Elemente grundlos "umspringen". Wenn man also mit einem korrekten Bild des Satzes über die Winkelhalbierenden beginnt, kann man es unmöglich in eine falsche Position manövrieren. Außerdem bildet diese Theorie die Grundlage für eine verlässliche Implementierung des randomisierten Überprüfens von Sätzen sowie der Ortskurven- und Animationsfunktionen von *Cinderella*.

5 Referenzteil

5.1 Überblick

Sie können in einer normalen *Cinderella*-Sitzung ein oder mehrere Hauptfenster öffnen, in denen die meisten Aktionen ausgeführt werden. Ein typisches Fenster sieht folgendermaßen aus:

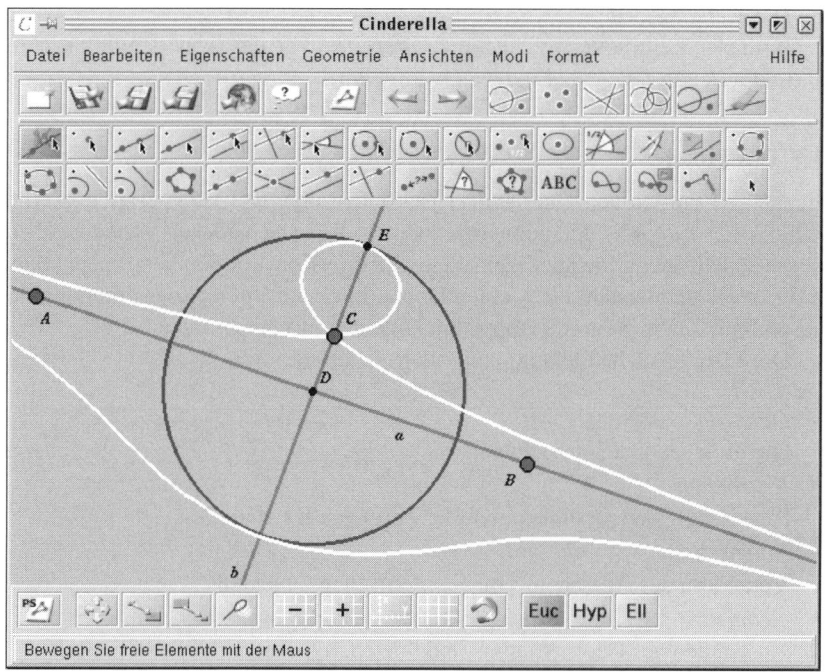

Cinderellas Euklidische Ansicht

Jedes Hauptfenster von *Cinderella* besteht im Wesentlichen aus sechs Teilen:

1. *Die Menüleiste*
   Sie können von hier fast alle Aktionen ausführen, etwa das Exportieren von Dateien, geometrische Operationen sowie diverse Markierungsoperationen.
2. *Eine Werkzeugleiste für allgemeine Aktionen*
   Hier haben Sie Zugriff auf Aktionen wie Laden, Speichern, Drucken, Erzeugen von WWW-Seiten, Stornierungsoperationen und verschiedene Markierungen.

3. *Eine Werkzeugleiste mit geometrischen Modi*
   Diese Werkzeugliste beherbergt alle wichtigen geometrischen Operationen, angefangen von einfachen Schnittoperationen bis hin zu komplexen Operationen wie die Erzeugung von Ortskurven.
4. *Der Zeichenbereich (die Ansicht)*
   Das ist der Ort, an dem alle Aktionen stattfinden. Hier machen Sie Ihre geometrischen Konstruktionen und Erkundungen.
5. *Eine Werkzeugleiste mit speziellen Aktionen für die aktuelle Ansicht*
   Diese Werkzeugleiste beinhaltet Operationen wie Vergrößern/Verkleinern, Verschieben, Skalieren, Exportieren in PostScript und dergleichen.
6. *Die Meldungszeile*
   In dieser Zeile unterrichtet Sie *Cinderella* über das, was gerade geschieht und was von Ihnen als Eingabe erwartet wird.

5.1.1 Das Menü

Beinahe alle Funktionen von *Cinderella* können über das Menü erreicht werden. Freilich ist es für viele Operationen bequemer, die verschiedenen Werkzeugleisten zu verwenden. Wenn Sie aber mehr Platz für Ihre Konstruktion benötigen, können Sie die Werkzeugleisten durch einen Doppelklick auf ihren Hintergrund einklappen (und mit einem weiteren Doppelklick wieder aufklappen).

Die Menüleiste hat defaultmäßig sechs Einträge:

- *Datei*
  Die üblichen Dateioperationen.
- *Bearbeiten*
  Rückgängig, Wiederholen und Markierungswerkzeuge.
- *Eigenschaften*
  Verändern des Aussehens von geometrischen Objekten.
- *Geometrie*
  Auswählen des Geometrietyps (euklidisch, hyperbolisch oder elliptisch).
- *Ansichten*
  Öffnen von zusätzlichen Ansichten einer Konstruktion.
- *Modi*
  Zugriff auf geometrische Operationen.
- *Format*
  Festlegung des Formats für die Koordinatendarstellung und dergleichen. Die einzelnen Menüpunkte erklären sich von selbst und werden daher im Folgenden nicht näher beschrieben.

5.1.2 Die allgemeinen Werkzeuge

Die allgemeine Werkzeugleiste fasst *Aktionen* aus den verschiedensten Bereichen zusammen. Sie finden hier Werkzeuge für die üblichen Dateioperationen, Exportmöglichkeiten, die praktischen Korrekturschaltflächen Rückgängig/Wiederholen und diverse Markierungswerkzeuge. Im Detail handelt es sich hier um die folgenden Operationen:

Dateiwerkzeuge: (S. 51)	Neu	Laden	Speichern	Speichern als	
Exportwerkzeuge: *(S. 52)*	Drucken	HTML erzeugen	Aufgabe erstellen		
Korrekturwerkzeuge: *(S. 52)*	Rückgängig	Wiederholen	Löschen		
Markierungswerkzeuge: *(S. 53)*	Alles markieren	Punkte markieren	Geraden markieren	Kegelschnitte markieren	Markierung aufheben

Alle diese Aktionen haben eins gemeinsam: Sie sind, im Gegensatz zu den geometrischen Modi, auf keine komplizierte Maus-Interaktion im Zeichenbereich angewiesen. Klicken Sie einfach auf das Icon, und es passiert etwas (eine Datei wird gespeichert, Elemente werden markiert, eine Operation wird rückgängig gemacht usw.).

5.1.3 Die geometrischen Werkzeuge

Im Gegensatz zu den oben beschriebenen Aktionen müssen Sie bei den *Modi* gewisse Operationen im Zeichenbereich ausführen. Wenn Sie also einen Modus auswählen, passiert normalerweise gar nichts, und das Programm erwartet weitere Eingaben. Die Meldungszeile teilt Ihnen mit, welche Informationen *Cinderella* im Einzelnen braucht. *Cinderella* ist immer in irgendeinem bestimmten Modus. Sie können leicht feststellen, welcher Modus gerade aktiv ist, weil das entsprechende Icon etwas dunkler erscheint. Eine komplette Werkzeugleiste für geometrische Operationen schaut so aus:

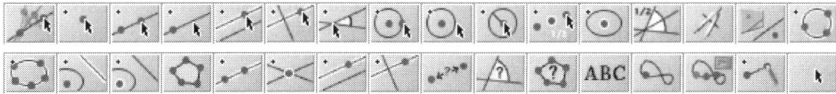

Die Vielfalt dieser Operationen erschließt alle geometrische Kapazitäten von *Cinderella*. Man kann die geometrischen Werkzeuge (Modi) grob in sechs Kategorien einteilen.

- Elemente bewegen (S. 55)
  Der Zugmodus ist die Schlüsselfunktion von *Cinderella*. Man kann damit die Basiselemente einer Konstruktion bewegen, während sich die ganze Konstruktion dabei in konsistenter Weise ändert.
- Elemente auswählen (S. 57)
  Im Auswahlmodus kann man Elemente mit der Maus markieren, um sie entweder als Eingabe für die *Definitionsmodi* zu verwenden oder um ihr Aussehen im Elementeigenschaften-Dialog zu bearbeiten.
- Interaktive Modi (S. 58)
  Diese Modi stellen sehr mächtige Konstruktionshilfen dar, in denen die Möglichkeiten der Maus voll ausgenutzt werden. Mit der typischen Maussequenz Drücken-Ziehen-Loslassen konstruieren Sie oft mehr als ein Element. Die momentan gültige Definition der neuen Elemente wird dabei an die momentane Mausposition angepasst.
- Definitionsmodi (S. 72)
  Im Gegensatz zu den interaktiven Modi benötigen die Definitionsmodi keine komplizierte Maus-Interaktion. Das Konstruktionsschema der Definitionsmodi ist relativ einfach: Nachdem man alle für eine gewünschte Definition nötigen Elemente durch Klicken ausgewählt hat, werden neue Elemente erzeugt, und das ganze Spiel beginnt von vorne. Normalerweise sehen Sie in der Meldungszeile, welche Elemente von *Cinderella* als Eingabe erwartet werden.
- Messungen (S. 83)
  Diese Modi gestatten elementargeometrische Messungen. Ähnlich wie bei den Definitionsmodi müssen nur die relevanten Elemente selektiert werden.
- Spezialfunktionen (S. 87)
  Diese Modi stellen Spezialeffekte wie Ortskurven, Animationen, Beschriftungen und Streckenabschnitte zur Verfügung.

5.1.4 Die Geometrien

Sie haben in *Cinderella* "native" Unterstützung für nichteuklidische Geometrien. Das bedeutet, dass Sie keine Imitationen mit Hilfe von euklidischen Konstruktionen brauchen, wenn Sie zum Beispiel hyperbolische Geometrie betreiben wollen - Sie schalten einfach den hyperbolischen Modus ein. Sie können die verschiedenen Geometrien mit Hilfe des Menüs *"Geometrien"* (S. 95) oder mit den entsprechenden Schaltflächen der Ansicht-Werkzeugleiste auswählen.

5.1.5 Die Ansichten

Cinderella bietet Ihnen eine Vielfalt von verschiedenen Ansichten, in denen Sie eine Konfiguration betrachten können. Jede Ansicht entspricht einer speziellen geometrischen Darstellungsart. Neben den normalen euklidischen Ansichten (S. 98) gibt es noch Ansichten für hyperbolische (S. 102) oder sphärische (S. 101) Geometrie. Auch eine textuelle Konstruktionsbeschreibung (S. 104) ist verfügbar. Alles das finden Sie im Menü *"Ansichten"*.

5.2 Allgemeine Werkzeuge

5.2.1 Dateiwerkzeuge

Die Dateioperationen folgen dem üblichen Standard und sind daher den entsprechenden Operationen in anderen Programmen recht änlich. Die Konstruktionen werden in einem speziellen Dateiformat gespeichert, die Dateien haben die Erweiterung *".cdy"*.

5.2.1.1 *Neu*

Mit dieser Aktion wird die gesamte Konstruktion gelöscht und alles in den Startzustand zurückgesetzt.

5.2.1.2 *Laden*

Eine Konstruktion laden.

5.2.1.3 *Speichern*

Eine Konstruktion speichern (wobei Sie bei Bedarf nach einem Dateinamen gefragt werden).

5.2.1.4 *Speichern als*

Eine Konstruktion speichern (wobei Sie stets nach einem Dateinamen gefragt werden).

5.2.2 Exportwerkzeuge

5.2.2.1 ⬛ *Drucken*

Alle derzeit geöffneten Konstruktionen drucken. Diese Operation benützt die Druckfunktionen von Java. Aufgrund von Einschränkungen in der Druckschnittstelle von Java ist die Ausgabequalität leider nicht so gut ist wie beim Kommando *"PostScript-Code erzeugen"* in der Ansicht-Werkzeugleiste. Wenn Sie die Möglichkeit haben, PostScript-Dateien zu betrachten und zu drucken (wir empfehlen dazu die Installation von Ghostscript und GSView bzw. gv, erhältlich bei http://www.ghost.org), sind die PostScript-Druckfunktionen auf jeden Fall vorzuziehen.

5.2.2.2 ⬛ *HTML erzeugen*

Diese Operation erzeugt eine interaktive WWW-Seite.

5.2.2.3 ⬛ *Aufgabe erstellen*

Mit dieser Operation können Sie Übungsaufgaben erstellen, die man dann in jedem normalen Webbrowser verwenden kann. Lesen Sie mehr darüber im Kapitel *Interaktive Webseiten und Übungsaufgaben* (S. 114).

5.2.3 Korrekturwerkzeuge

5.2.3.1 ⬛ *Rückgängig*

Diese Operation macht die zuletzt ausgeführte Aktion rückgängig. Sie können die folgenden Aktionen rückgängig machen:

- Konstruktionsschritte
- Bewegungen
- Änderungen im Aussehen
- Zoomen, Verschieben und Drehen von Ansichten
- Löschen von Elementen

Sie können beliebig viele aufeinander folgende Operationen rückgängig machen.

5.2.3.2 ⟶ *Wiederholen*

Macht die letzte Undo-Operation rückgängig. Sie können beliebig viele aufeinander folgende Undo-Operationen rückgängig machen.

5.2.3.3 ⟋ *Löschen*

Alle markierten Elemente sowie die davon abhängigen Elemente löschen. Wenn Sie versehentlich Elemente gelöscht haben, können Sie die Operation "Rückgängig" verwenden, um sie wiederherzustellen.

5.2.4 Markierungswerkzeuge

5.2.4.1 *Alles markieren*

Alle geometrischen Elemente auswählen.

5.2.4.2 *Punkte markieren*

Alle Punkte markieren.

5.2.4.3 *Geraden markieren*

Alle Geraden markieren.

5.2.4.4 *Kegelschnitte markieren*

Alle Kegelschnitte (inklusive Kreise) markieren.

5.2.4.5 *Markierung aufheben*

Aktuelle Markierung aufheben.

5.3 Geometrische Werkzeuge

Die geometrischen Werkzeuge (Modi) kann man grob in sechs Kategorien einteilen:

- *Elemente bewegen (Zugmodus) (S. 55)*
  Der *Zugmodus* stellt die Schlüsselfunktion von **Cinderella** dar. Sie können in diesem Modus die Basiselemente einer Konstruktion hin und her ziehen. Während Sie ein Element bewegen, ändert sich die gesamte Konstruktion in konsistenter Weise.
- *Elemente auswählen (S. 57)*
  Im *Auswahlmodus* können Sie per Mausklick Elemente markieren (auswählen). Sie können markierte Elemente entweder als Eingabe für die *Definitionsmodi* verwenden oder im Elementeigenschaften-Dialog ihr Aussehen verändern.
- *Interaktive Modi (S. 58)*
  Diese Modi stellen eine mächtige Konstruktionshilfe dar, vor allem aufgrund der effizienten Mausbenutzung. Mit der Maussequenz Klicken-Ziehen-Loslassen können Sie im Nu mehrere Elemente auf einmal konstruieren. Außerdem wird die Definition der Elemente aufgrund der aktuellen Mausposition laufend angepasst. Im Modus "Zwei Punkte mit Verbindungsgerade" können Sie zum Beispiel eine Gerade samt ihrem Anfangs- und Endpunkt erzeugen. Die Definition des Anfangs- und Endpunktes hängt ab von der Mausposition beim Drücken bzw. Loslassen der Maustaste. Wenn sich also der Mauszeiger gerade über dem Schnittpunkt zweier Geraden befindet, wird der neue Punkt als Schnittpunkt dieser Geraden definiert.
- *Definitionsmodi (S. 72)*
  Im Gegensatz zu den interaktiven Modi benötigen die Definitionsmodi keine komplizierte Maus-Interaktion. Das Konstruktionsschema der Definitionsmodi ist relativ einfach: Nachdem man alle für eine gewünschte Definition nötigen Elemente durch Klicken ausgewählt hat, werden neue Elemente erzeugt, und das ganze Spiel beginnt von vorne. Wenn Sie zum Beispiel einen Kreis durch drei Punkte konstruieren wollen, wechseln Sie in den Modus "Kreis durch drei Punkte", markieren die drei gewünschten Punkte mit der Maus, und der Kreis wird automatisch hinzugefügt.
- *Messungen (S. 83)*
  Diese Modi gestatten elementargeometrische Messungen. Ähnlich wie bei den Definitionsmodi müssen nur die relevanten Elemente selektiert werden.
- *Spezialmodi (S. 87)*
  Diese Modi stellen Spezialeffekte wie Ortskurven, Animationen, Beschriftungen und Streckenabschnitte zur Verfügung.

5.3.1 Elemente bewegen (Zugmodus)

Dieser Modus verkörpert wohl die wichtigste Funktion von *Cinderella*: das Bewegen von Elementen. Sie verwenden diesen Modus normalerweise, um die freien Elemente einer Konstruktion zu bewegen. Platzieren Sie dazu die Maus über ein bewegliches Element, selektieren Sie es mit der linken Maustaste und ziehen Sie es (d.h. Sie halten dabei die Maustaste niedergedrückt) an den gewünschten Ort. Nach dem Loslassen der Maustaste kann ein weiteres Element bewegt werden.

Cinderella unterscheidet zwei Arten von Elementen: *bewegliche Elemente* und *fixierte Elemente*. Wie der Name schon sagt, können die beweglichen Elemente in diesem Modus bewegt werden, während die Position von fixierten Elementen bereits durch den Rest der Konstruktion festgelegt ist. Wenn etwa ein Punkt durch den Schnitt von zwei (vorher definierten) Geraden definiert ist, kann er nicht mehr bewegt werden und wird somit zu einem fixierten Element. Sie können die beweglichen Element von den fixierten anhand ihres Aussehens unterscheiden: die beweglichen Punkte erscheinen heller.

Es gibt sechs Arten von beweglichen Elementen:

- *Freie Punkte:* Diese Punkte hängen von keinen anderen Elementen der Konstruktion ab und können daher völlig frei bewegt werden.

- *Punkte auf einer Geraden:* Punkte können so definiert werden, dass sie stets auf einer bestimmten Geraden liegen. Wenn man solche Punkte bewegt, gleiten sie entlang der Geraden.

- *Punkte auf einem Kreis:* Punkte können auch so definiert werden, dass sie stets auf einem bestimmten Kreis liegen. Sie gleiten dann bei einer Bewegung auf dem Kreis.

- *Geraden mit variabler Steigung:* Man kann von einer Geraden per Definition verlangen, dass sie immer durch einen bereits konstruierten Punkt geht und ansonsten frei liegt. Wenn eine solche Gerade zum Bewegen selektiert wird, kann sie um den definierenden Punkt gedreht werden.

- *Kreise mit gegebenem Mittelpunkt und Radius:* Ein Kreis, der durch Mittelpunkt und Radius definiert worden ist, kann im Zugmodus skaliert werden. Sie selektieren dazu den Kreisrand mit der Maus und ziehen ihn. Der Radius wird sich dann der aktuellen Mausposition anpassen. Den ganzen Kreis können Sie verschieben, indem Sie den Mittelpunkt selektieren und ziehen.

- *Beschriftungen und Maße:* Die Beschriftungen und Maße können im Zugmodus ebenfalls verschoben werden. Selektieren Sie einfach den Text und schieben Sie ihn an die gewünschte Position. Sie können Beschriftungen und Maße überall im Zeichenbereich platzieren. Der Rand des Zeichenbereichs ist mit Einrastpunkten ausgestattet, die ein hübsches Layout erleichtern. Beschriftungen und Maße können übrigens auch an Punkte der Konstruktion "angekoppelt" werden.

Es gibt noch eine weitere Verwendungsmöglichkeit des "Bewegungsmodus": Sie können damit auch die (von **Cinderella** automatisch erzeugte) *Beschriftung der Elemente verschieben*. Sie drücken dazu die *Strg-Taste* auf Ihrer Tastatur (auf englischen Tastaturen: Ctrl), selektieren die Beschriftung mit der Maus und schieben sie an die neue Position. Allerdings können Beschriftungen nicht in beliebige Positionen verschoben werden, da sie einigermaßen nahe beim entsprechenden Element bleiben müssen. Daher werden Bewegungen, die eine Beschriftung zu weit weg bewegen, automatisch blockiert.

Synopsis

Bewegen Sie Elemente durch Ziehen.

Siehe auch

- Punkt hinzufügen (S. 59)
- Gerade durch einen Punkt (S. 63)
- Kreis um einen Punkt (S. 69)
- Beschrifung ändern/anbringen (S. 87)

5.3.2   Elemente auswählen

In diesem Modus können Sie Elemente markieren, indem Sie diese mit der Maus selektieren (also darauf klicken). Die markierten Elemente können Sie leicht an ihrer Hervorhebung erkennen; sie sind in sämtlichen Ansichten heller dargestellt. Es gibt drei Gründe, warum Sie Elemente markieren (oder "auswählen"):

- Am häufigsten wird der Auswahlmodus zur individuellen Gestaltung des Aussehens geometrischer Elemente verwendet. Jede Änderung, die Sie im Elementeigenschaften-Dialog (S. 107) vornehmen, wird sofort auf alle ausgewählten Elemente angewandt. Wenn Sie zum Beispiel mehrere Geraden ausgewählt haben und dann den Schieber für die Liniendicke in diesem Dialog verstellen, dann verändert sich die Dicke aller markierten Geraden.
- Markierte Elemente können gelöscht werden, und zwar mit der Aktion "Markierte Elemente löschen" (höchst erstaunlich! - Anm. d. Übers.).
- Für eine Übungsaufgabe kann man Elemente als "Startelemente", "Lösungselemente" und "Hinweiselemente" auswählen. Die Details finden Sie im Abschnitt *Interaktive Webseiten und Übungsaufgaben* (S. 114).

Sie markieren Elemente indem Sie darauf klicken. Sie können das Verhalten durch Niederdrücken der Shift-Taste wie folgt beeinflussen:

- Wenn Sie mit der Maus irgendwo in den Zeichenbereich klicken, werden genau die von der Maus getroffenen Elemente ausgewählt. Alle anderen Elemente werden abgewählt (d.h. ihre Markierung wird gegebenenfalls aufgehoben).
- Wenn Sie die Shift-Taste beim Klicken auf ein Element niedergedrückt halten, wird der Markierungszustand des Elements invertiert. Der Markierungszustand der nicht von der Maus getroffenen Elemente bleibt unverändert. Mit Hilfe des Shift-Klickens kann man mehrere Objekte auswählen.

Synopsis

Markieren Sie einzelne Elemente mit der Maus.

5.3.3 Interaktive Modi

Diese Modi stellen eine mächtige Konstruktionshilfe dar, vor allem aufgrund der effizienten Maushandhabung. Mit der Maussequenz Klicken-Ziehen-Loslassen können Sie im Nu mehrere Elemente auf einmal konstruieren. Außerdem wird die Definition der Elemente aufgrund der aktuellen Mausposition laufend angepasst. Im Modus "Zwei Punkte mit Verbindungsgerade" können Sie zum Beispiel eine Gerade samt ihrem Anfangs- und Endpunkt erzeugen. Die Definition des Anfangs- und Endpunktes hängt von der Mausposition beim Drücken bzw. Loslassen der Maustaste ab. Wenn sich also der Mauszeiger gerade über dem Schnittpunkt zweier Geraden befindet, wird der neue Punkt als Schnittpunkt dieser Geraden definiert.

Elemente, die bereits in der Konstruktion existieren, werden kein zweites Mal hinzugefügt. Das gilt nicht nur für die Definition von Elementen, sondern wird von *Cinderella* generell durch eine automatische Überprüfung geometrischer Sätze garantiert.

Man kann die interaktiven Modi in der Werkzeugleiste daran erkennen, dass ihr Icon ein kleines Mauszeiger-Symbol enthält.

5.3.3.1 *Punkt hinzufügen*

Einen einzelnen Punkt wird man normalerweise mit diesem Modus hinzufügen. Der Modus wurde möglichst vielseitig und benutzerfreundlich gestaltet. Durch Niederdrücken der linken Maustaste wird ein neuer Punkt erzeugt. Position und Definition kann durch Ziehen der Maus (Bewegen mit niedergedrückter linker Maustaste) verändert werden. Der Punkt wird erst fixiert, sobald man die Maustaste loslässt. Die Definition hängt also nur von der Position ab, an der die Maus ausgelassen wird. Es kann manchmal bequemer sein, noch mächtigere Modi (*"Zwei Punkte mit Verbindungsgerade"* (S. 61), *"Parallele"* (S. 64), *"Zwei Punkte und ein Kreis"* (S. 68), etc.) zu verwenden, die zusammen mit den Punkten auch andere geometrische Elemente erzeugen.

Wie bereits erwähnt kann man die Konstruktion eines Punktes als Prozedur mit drei Schritten beschreiben:

- *Das Drücken der linken Maustaste* erzeugt den Punkt.
- *Das Ziehen der Maus* (also das Bewegen mit niedergedrückter linker Maustaste) bewegt den Punkt zusammen mit der aktuellen Mausposition. Sie sehen dabei, wie der Punkt auf bereits vorhandene Elemente einrastet; in diesem Fall wird die Definition des Punktes an die jeweilige Situation angepasst, und die definierenden Elemente werden hervorgehoben. Insbesondere rastet der Punkt auf den Schnitt bereits vorhandener Elemente und auf bereits vorhandene Punkte ein.
- *Das Loslassen der Maustaste*
  fixiert die Definition des Punktes. Die zur Definition beitragenden Elemente werden immer hervorgehoben. Wenn sich die Maus zu diesem Zeitpunkt
  - über gar keinem Element befindet, wird ein freier Punkt ohne zusätzliche Restriktionen hinzugefügt. Ein solcher Punkt kann im Zugmodus frei bewegt werden.
  - über einer bereits vorhandenen Geraden befindet, wird der Punkt stets auf dieser Geraden liegen und kann im Zugmodus nur entlang dieser Geraden hin und her gleiten.
  - über einem bereits vorhandenen Kreis befindet, wird ein stets auf diesem Kreis liegender Punkt hinzugefügt. Dementsprechend kann der Punkt im Zugmodus nur entlang dieses Kreises verschoben werden.
  - über dem Schnitt zweier Elemente (Gerade, Kreis oder Kegelschnitt) befindet, wird der Schnittpunkt dieser Elemente hinzugefügt. Ein solcher Punkt erscheint eine Spur dunkler als die freien Punkte und kann im Zugmodus nicht mehr frei bewegt werden.
  - über einem bereits vorhandenen Punkt befindet, wird kein neues Element hinzugefügt.

Die Abbildungen unten stellen die drei Hauptsituationen dar: ein "freier Punkt", ein "Punkt auf einer Geraden" und ein "Schnittpunkt". Beachten Sie bitte, dass die Koordinaten der aktuellen Punktposition angezeigt werden, während Sie die Maus ziehen.

Freier Punkt: *Punkt auf einer Geraden:*   *Schnittpunkt:*

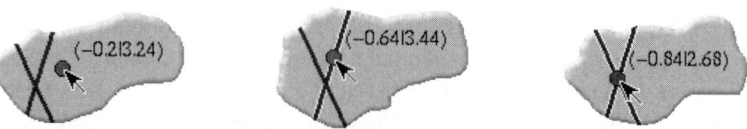

Natürlich kann ein Punkt auch durch einen simplen Mausklick hinzugefügt werden; die oben erwähnte Drei-Schritte-Prozedur verschmilzt dann zu einem einzigen Mausklick. Es ist wohl letztlich eine Frage des Geschmacks, aber oftmals ist es tatsächlich bequemer, die drei oben erwähnten Schritte voll auszunützen.

Synopsis

Erzeugen Sie einen neuen Punkt unter Verwendung der Maussequenz Drücken-Ziehen-Loslassen. Die Definition wird automatisch angepasst.

Warnung

Es gibt zwei Situationen, in denen dieser Modus zum Hinzufügen von Punkten nicht geeignet ist.

- Wenn Sie den Schnittpunkt zweier Geraden hinzufügen wollen, die sich außerhalb des sichtbaren Zeichenbereichs schneiden, sollten Sie den Modus "*Schnittpunkt* definieren" (S. 80) verwenden.
- Wenn Sie einen Punkt hinzufügen wollen an einer Position, wo sich mehr als zwei Elemente schneiden, dann sollten Sie entweder
  o die Situation, wenn möglich, geringfügig mit Hilfe des *Zugmodus* (S. 55) stören,
  o den Ausschnitt vergrößern (S. 99)
  o oder im Fall von sich schneidenden Geraden den Modus "*Schnittpunkt* definieren" (S. 80) verwenden, um den gewünschten Schnitt exakt festzulegen.

Siehe auch

- Elemente bewegen (S. 55)
- Zwei Punkte mit Verbindungsgerade (S. 61)
- Zwei Punkte und ein Kreis (S. 68)
- Schnittpunkt definieren (S. 80)

5.3.3.2 ⚹ *Zwei Punkte mit Verbindungsgerade*

Dieser Modus dient dem Hinzufügen einer Geraden durch zwei Punkte. Der Modus ist so mächtig, dass Sie die Gerade zusammen mit den zwei Punkten mit nur einer Mausaktion erzeugen können. Beim Drücken der Maus wird der erste Punkt hinzugefügt, beim Ziehen der Maus der zweite Punkt zusammen mit der Geraden. Beim Loslassen der Maus wird die Position des zweiten Punktes fixiert, und die Konstruktion ist abgeschlossen. Die Logik dieses Modus ist ähnlich wie bei anderen interaktiven Modi (*"Parallele"* (S. 64), *"Senkrechte"* (S. 66), *"Zwei Punkte und ein Kreis"* (S. 68) etc.).

Die Konstruktion einer Geraden in diesem Modus geschieht in drei Schritten:

- *Das Drücken der linken Maustaste* erzeugt den ersten Punkt. Die Definition dieses Punktes hängt von der Position der Maus zum Zeitpunkt des Tastendrucks ab:
  - ○ Wenn sich der Mauszeiger über einem bereits vorhandenen Punkt befindet, wird dieser übernommen.
  - ○ Wenn sich der Mauszeiger über dem Schnitt zweier Elemente (Gerade, Kreis oder Kegelschnitt) befindet, wird automatisch der Schnittpunkt berechnet und als erster Punkt der Geraden übernommen.
  - ○ Wenn sich der Mauszeiger über nur einem Element (Gerade oder Kreis) befindet, wird der neu konstruierte Punkt an dieses Element gebunden und als erster Punkt zu der Geraden hinzugefügt.
  - ○ Ansonsten wird ein freier Punkt hinzugefügt.
- *Das Ziehen der Maus* erzeugt die Gerade und den zweiten Punkt. Die Definition des zweiten Punktes wird in Abhängigkeit von der Mausposition gewählt. Wie schon im Modus *"Punkt hinzufügen"* rastet der Punkt auf bereits vorhandene Elemente ein. Die Art der Definition wird genauso wie beim ersten Punkt gewählt. Die definierenden Elemente des zweiten (wie auch des ersten) Punktes werden stets hervorgehoben.
- *Das Loslassen der Maustaste* fixiert die Definition des zweiten Punktes und schließt die Konstruktion ab.

Die Abbildungen unten stellen die drei Konstruktionsstadien einer Geraden dar. Der erste Punkt ist hier frei, während der zweite durch den Schnitt von zwei schon vorhandenen Geraden definiert ist.

Sie drücken die Maus   *... ziehen sie*   *... und lassen sie los.*

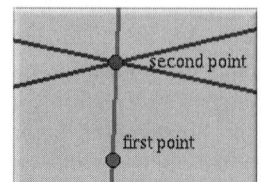

Synopsis

Erzeugen Sie zwei Punkte mit ihrer Verbindungsgeraden unter Verwendung der Maussequenz Drücken-Ziehen-Loslassen.

Siehe auch

- Punkt hinzufügen (S. 59)
- Gerade durch einen Punkt (S. 63)
- Parallele (S. 64)
- Senkrechte (S. 66)
- Zwei Punkte und ein Kreis (S. 68)
- Verbindungsgerade definieren (S. 80)

5.3.3.3 ⬚ *Gerade durch einen Punkt*

Dieser Modus erzeugt eine Gerade durch einen Punkt unter Vorgabe einer bestimmten Steigung. Wird der Punkt bewegt, bleibt die Steigung der Geraden konstant. Wird die Gerade bewegt, so rotiert sie um den Punkt. Die Gerade wird zusammen mit dem Punkt, durch den sie geht, mit der einmaligen Maussequenz Drücken-Ziehen-Loslassen erzeugt. Der Punkt wird beim Drücken der Maustaste erzeugt, die Gerade beim Ziehen der Maus. Sie bleibt dabei stets an den Mauszeiger gebunden und wird erst mit dem Loslassen der Maus fixiert. Im Einzelnen passiert Folgendes:

- *Das Drücken der linken Maustaste* erzeugt den Punkt. Die Definition dieses Punktes hängt von der Mausposition zum Zeitpunkt des Tastendrucks ab:
  - ○ Wenn sich der Mauszeiger über einem bereits vorhandenen Punkt befindet, wird dieser übernommen.
  - ○ Wenn sich der Mauszeiger über dem Schnitt zweier Elemente (Gerade, Kreis oder Kegelschnitt) befindet, wird automatisch der Schnittpunkt konstruiert und für die Gerade übernommen.
  - ○ Wenn sich der Mauszeiger über nur einem Element (Gerade oder Kreis) befindet, wird der neu konstruierte Punkt an dieses Element gebunden und als neuer Punkt der Geraden übernommen.
  - ○ Ansonsten wird ein freier Punkt konstruiert und zur Geraden hinzugefügt
- *Das Ziehen der Maus* erzeugt die Gerade, wobei die Steigung beliebig angepasst werden kann. Wenn bereits vorhandene Punkte selektiert werden, rastet der Mauszeiger darauf ein.
- *Das Loslassen der Maustaste* fixiert die Definition der Geraden, und die Konstruktion ist abgeschlossen. Je nach der letzten Position des Mauszeigers sind hier zwei Fälle möglich:
  - ○ Wenn sich der Mauszeiger über einem bereits vorhandenen Punkt befindet, wird dieser als zweiter Punkt der Geraden übernommen, also die *Verbindungsgerade* zwischen dem ersten und dem zweiten Punkt konstruiert.
  - ○ Andernfalls wird eine "Gerade durch einen Punkt" erzeugt.

Synopsis

Erzeugen Sie eine Gerade durch einen Punkt mit "Drücken-Ziehen-Loslassen".

Siehe auch

- Zwei Punkte mit Verbindungsgerade (S. 61)
- Kreis um einen Punkt (S. 69)

5.3.3.4 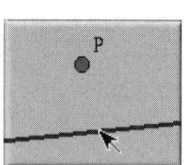 *Parallele*

Mit Hilfe dieses Modus können Sie eine Gerade durch einen Punkt parallel zu einer anderen Geraden erzeugen, wieder unter Verwendung der Maussequenz Drücken-Ziehen-Loslassen. Auch der Punkt, durch den die Parallele gehen soll, kann in diesem Modus neu erzeugt werden. Die Konstruktion der Parallelen verläuft in drei Schritten:

- *Bewegen Sie die Maus über die Gerade*, zu der Sie eine Parallele legen wollen und drücken Sie dann die linke Maustaste. Dadurch wird die Parallele und der Punkt, durch den sie gehen soll, angelegt.
- *Halten Sie die linke Maustaste gedrückt und ziehen Sie die Maus.* Dadurch wird die Parallele samt dem neuen Punkt in die gewünschte Position gebracht.
- *Lassen Sie die Maus wieder los.* Jetzt wird die Konstruktion fixiert. In Abhängigkeit von der Position des Loslassens wird der Punkt entsprechend angepasst:
  - ○ Wenn sich der Mauszeiger über einem bereits vorhandenen Punkt befindet, wird dieser übernommen.
  - ○ Wenn sich der Mauszeiger über dem Schnitt zweier Elemente (Gerade, Kreis oder Kegelschnitt) befindet, wird automatisch der Schnittpunkt konstruiert und als neuer Punkt übernommen.
  - ○ Wenn sich der Mauszeiger über nur einem Element (Gerade oder Kreis) befindet, wird der neu konstruierte Punkt an dieses Element gebunden und als neuer Punkt übernommen.
  - ○ Ansonsten wird ein freier Punkt hinzugefügt.

Die Abbildungen unten zeigen die drei Schritte bei der Konstruktion einer Parallelen. Der neue Punkt ist hier an den bereits vorhandenen Punkt *P* gebunden.

Sie drücken die Maus   *... ziehen sie*   *... und lassen sie los.*

 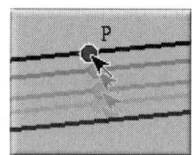 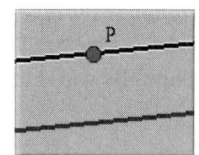

Synopsis

Erzeugen Sie eine Parallele unter Verwendung der Maussequenz Drücken-Ziehen-Loslassen.

Warnung

Das Verhalten dieses Modus hängt von der gewählten Geometrie ab. Während es in der euklidischen Geometrie stets genau eine Parallele gibt, kommt es bei nicht-euklidischen Geometrien auf die Definition der Parallelität an. Je nach der zugrundeliegenden "Philosophie" kann es in der hyperbolischen Geometrie (vom Standpunkt der Inzidenzgeometrie) unendlich viele oder (vom algebraischen bzw. messungsbasierten Standpunkt) genau zwei Parallelen geben. *Cinderella* nimmt den algebraischen Standpunkt ein: *Eine Gerade ist genau dann eine Parallele zur Geraden g, wenn sie mit g einen Winkel von null Grad einschließt.* Daher erzeugt dieser Modus in der hyperbolischen Geometrie genau zwei Parallelen.

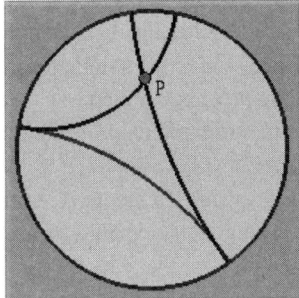

Hyperbolische Parallelen

In der elliptischen Geometrie stellt man sich gewöhnlich auf den Standpunkt, dass es gar keine Parallelen gibt. Vom algebraischen Standpunkt gibt es aber sehr wohl Parallelen, nur haben sie eben komplexe Koordinaten; sie sind also niemals sichtbar. *Cinderella* konstruiert diese Parallelen. Sie sind natürlich unsichtbar, tauchen aber trotzdem in der Konstruktionsbeschreibung (S. 104) auf und können von dort aus für weitere Konstruktionen angesprochen werden.

Siehe auch

- Zwei Punkte mit Verbindungsgerade (S. 61)
- Senkrechte (S. 66)
- Parallele definieren (S. 81)

5.3.3.5 *Senkrechte*

Dieser Modus dient zur Konstruktion einer Senkrechten (zu einer Geraden, durch einen Punkt) mit der gewohnten Maussequenz Drücken-Ziehen-Loslassen. Der Modus wird völlig analog zum Modus "Parallele" verwendet. Auch der Punkt, durch den die Senkrechte gehen soll, kann mit diesem Modus erzeugt werden. Die Konstruktion der Senkrechten verläuft in drei Schritten:

- *Bewegen Sie die Maus über die Gerade*, zu der Sie eine Senkrechte konstruieren wollen, und drücken Sie dann die linke Maustaste. Dadurch wird die Senkrechte und der Punkt, durch den sie gehen soll, angelegt.
- *Halten Sie die linke Maustaste gedrückt und ziehen Sie die Maus.* Sie können so die Senkrechte samt dem neuen Punkt in die gewünschte Position bringen.
- *Lassen Sie die Maus los.* Die Konstruktion wird nun fixiert. In Abhängigkeit von der Position des Loslassens wird der Punkt entsprechend angepasst:
  - Wenn sich der Mauszeiger über einem bereits vorhandenen Punkt befindet, wird dieser übernommen.
  - Wenn sich der Mauszeiger über dem Schnitt zweier Elemente (Gerade, Kreis oder Kegelschnitt) befindet, wird automatisch der Schnittpunkt konstruiert und als neuer Punkt übernommen.
  - Wenn sich der Mauszeiger über nur einem Element (Gerade oder Kreis) befindet, wird der neu konstruierte Punkt an dieses Element gebunden und als neuer Punkt übernommen.
  - Ansonsten wird ein freier Punkt hinzugefügt.

Synopsis

Erzeugen Sie eine Senkrechte unter Verwendung der Maussequenz Drücken-Ziehen-Loslassen.

Warnung

Die Definition von "senkrecht" hängt von der gewählten Geometrie ab.

Siehe auch

- Zwei Punkte mit Verbindungsgerade (S. 61)
- Parallele (S. 64)
- Senkrechte definieren (S. 82)

5.3.3.6 ▨ *Gerade mit festem Winkel*

Dieser Modus gestattet die Konstruktion einer Geraden mit einem fixen, numerisch gegebenen Winkel relativ zu einer anderen Geraden. Die neue Gerade und
der Punkt, durch den sie gehen soll, können mit der Maussequenz
Drücken-Ziehen-Loslassen hinzugefügt werden. Der neue Punkt, durch die die
Gerade gehen soll, wird dazu bei Bedarf neu erzeugt.

Wenn Sie diesen Modus auswählen, erscheint ein kleines Fenster, in dem Sie
nach dem gewünschten Winkel gefragt werden.

Eingabefenster:

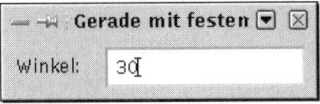

Die weitere Verwendung dieses Modus verläuft völlig analog zum Modus
"Parallele".

- *Bewegen Sie die Maus über die Gerade*, auf die sich der eingebene Relativ-
  winkel beziehen soll. Wenn Sie die linke Maustaste niederdrücken, wird die
  neue Gerade samt dem Punkt, durch den sie gehen soll, erzeugt.
- *Halten Sie die linke Maustaste niedergedrückt und ziehen Sie die Maus.*
  Dadurch können Sie die neue Gerade und den neuen Punkt an die
  gewünschte Position verschieben.
- *Lassen Sie die Maus los.* Die Konstruktion wird nun fixiert. Wie schon im
  vorigen Modus erklärt, wird der Punkt dann in Abhängigkeit von der Position des Loslassens entsprechend angepasst.

Synopsis

Erzeugen Sie eine Gerade mit festem Winkel relativ zu einer anderen Geraden
unter Verwendung der Maussequenz Drücken-Ziehen-Loslassen.

Warnung

Die Definition des Winkelbegriffs hängt von der gewählten Geometrie ab.

Siehe auch

- Zwei Punkte und Verbindungsgerade (S. 61)
- Parallele (S. 64)

5.3.3.7 *Zwei Punkte und ein Kreis*

Mit diesem Modus konstruieren Sie einen Kreis, der durch seinen Mittelpunkt und einen Punkt des Umfangs gegeben ist. Dabei wird der Kreis zusammen mit den beiden Punkten mit einem einzigen Mausklick angelegt. Beim Drücken der Maustaste wird der Mittelpunkt hinzugefügt, beim Ziehen der Maus Kreis und Umfangpunkt. Mit dem Loslassen wird die Position des Umfangpunktes fixiert, und die Konstruktion ist abgeschlossen. Die Logik hinter diesem Modus ist ganz analog zum Modus "Zwei Punkte mit Verbindungsgerade".

Die Konstruktion eines Kreises in diesem Modus verläuft in drei Schritten:

- *Das Drücken der linken Maustaste* erzeugt den Mittelpunkt. Wie im Modus "Zwei Punkte mit Verbindungsgerade" (S. 61) hängt die Definition dieses Punktes von der Position zum Zeitpunkt des Tastendrucks ab.
- *Das Ziehen der Maus* erzeugt den Kreis und den Umfangpunkt. Die Definition des Umfangpunktes hängt von der Mausposition ab: Wie im Modus "Punkt hinzufügen" rastet er auf bereits vorhandene Elemente ein; die verschiedenen Definitionen werden genauso wie beim ersten Punkt ausgewählt. Die den Umfangpunkt definierenden Elemente werden hervorgehoben.
- *Das Loslassen der Maus* fixiert die Definition des Umfangpunktes, und die Konstruktion ist damit abgeschlossen.

Synopsis

Erzeugen Sie einen Kreis unter Verwendung der Maussequenz Drücken-Ziehen-Loslassen.

Warnung

Die "Form" eines Kreises hängt von der gewählten Geometrie ab.

Siehe auch

- Zwei Punkte mit Verbindungsgerade (S. 61)
- Kreis um einen Punkt (S. 69)
- Kreis mit festem Radius (S. 70)
- Kreis durch drei Punkte (S. 77)
- Zirkel benutzen (S. 75)

5.3.3.8 *Kreis um einen Punkt*

Mit diesem Modus konstruiert man einen Kreis, der durch Mittelpunkt und Radius gegeben ist. Wenn man den Mittelpunkt eines solchen Kreises verschiebt, bleibt der Radius dabei konstant. Man kann aber im Zugmodus auch den Kreisrand selbst selektieren und den Radius durch Ziehen ändern.

Der Modus erzeugt den Kreis zusammen mit seinem Mittelpunkt mit der einmaligen Maussequenz Drücken-Ziehen-Loslassen. Der Mittelpunkt wird beim Drücken der Maustaste angelegt, der Kreis beim Ziehen der Maus. Dabei bleibt der Kreisrand stets an den Mauszeiger gebunden. Beim Loslassen der Maus wird die Position des Kreises fixiert, und die Konstruktion ist abgeschlossen. Die Logik hinter diesem Modus ist analog zum Modus "Gerade durch einen Punkt".

Die Konstruktion eines Kreises in diesem Modus kann man in drei Schritte einteilen:

- *Das Drücken der linken Maustaste* erzeugt den Mittelpunkt. Die Definition dieses Punktes hängt wie im Modus "Zwei Punkte mit Verbindungsgerade" (S. 61) von der Mausposition zum Zeitpunkt des Tastendrucks ab.
- *Das Ziehen der Maus* erzeugt den Kreis, wobei Sie den Radius anpassen können. Der Kreis rastet auch auf bereits vorhandene Punkte ein, wenn sie an der aktuellen Mausposition selektiert werden.
- *Das Loslassen der Maustaste* fixiert die Definition des Kreises, und die Konstruktion ist abgeschlossen. Je nach endgültiger Position des Mauszeigers können dabei zwei Fälle eintreten.
  - Es wird entweder ein "Kreis um einen Punkt" hinzugefügt,
  - oder ein allenfalls vorhandener Punkt unter dem Mauszeiger wird als Umfangpunkt des Kreises verwendet (wie im Modus "Zwei Punkte und ein Kreis"). In diesem Fall wird der Kreis an den Punkt gebunden.

Synopsis

Erzeugen Sie einen Kreis mit freiem Radius unter Verwendung der Maussequenz Drücken-Ziehen-Loslassen.

Warnung

Die tatsächliche "Form" des Kreises hängt von der gewählten Geometrie ab.

Siehe auch

- Zwei Punkte und ein Kreis (S. 68)
- Kreis mit festem Radius (S. 70)
- Gerade durch einen Punkt (S. 63)

5.3.3.9 *Kreis mit festem Radius*

Dieser Modus ermöglicht die Konstruktion eines Kreises mit einem fixen, numerisch gegebenen Radius. Der neue Kreis und sein Mittelpunkt werden mit der einmaligen Maussequenz Drücken-Ziehen-Loslassen hinzugefügt.

Wenn Sie in diesen Modus gehen, erscheint ein kleines Fenster, in dem Sie wie im Modus "Gerade mit festem Winkel" nach dem gewünschten Radius gefragt werden. Die weitere Verwendung dieses Modus verläuft analog zum Modus "Punkt hinzufügen".

Synopsis

Erzeugen Sie einen Kreis mit einem festen, numerisch gegebenen Radius unter Verwendung der Maussequenz Drücken-Ziehen-Loslassen.

Warnung

Die "Form" des Kreises hängt von der gewählten Geometrie ab.

See also

- Zwei Punkte und ein Kreis (S. 68)
- Kreis um einen Punkt (S. 69)
- Gerade mit festem Winkel (S. 67)

5.3.3.10 ▒ *Mittelpunkt zweier Punkte*

Mit Hilfe dieses Modus kann man den Mittelpunkt zweier Punkte mit der Maussequenz Drücken-Ziehen-Loslassen konstruieren. Analog zum Modus "Zwei Punkte
mit Verbindungsgerade" kann man dabei auch die beiden Punkte hinzufügen.

- *Das Drücken der linken Maustaste*
  ... erzeugt den ersten Punkt. Die Definition dieses Punktes hängt wie in den
  anderen interaktiven Modi von der Mausposition zum Zeitpunkt des Tastendrucks ab.
- *Das Ziehen der Maus*
  ... erzeugt den zweiten Punkt zusammen mit dem Mittelpunkt. Der zweite
  Punkt rastet ebenfalls auf bereits vorhandene Punkte oder Schnitte ein, wenn
  sie an der aktuellen Mausposition selektiert werden.
- *Das Loslassen der Maustaste*
  ... fixiert die Definition, und die Konstruktion ist abgeschlossen.

Synopsis

Erzeugen Sie zwei Punkte und ihren Mittelpunkt unter Verwendung der Maussequenz Drücken-Ziehen-Loslassen.

Warnung

Dieser harmlos wirkende Modus wird erst in nichteuklidischen Geometrien richtig
interessant. Während es in der euklidischen Geometrie stets einen eindeutigen und
endlichen Mittelpunkt gibt, existieren in der hyperbolischen und elliptischen Geometrie stets zwei; beide werden in diesem Modus konstruiert. Wenn man mit der
Poincaré'schen Kreisscheibe der hyperbolischen Geometrie arbeitet, liegt der
zweite Mittelpunkt der beiden Punkte stets außerhalb der Kreisscheibe. Die Exis-
tenz dieses Punktes spielt keine große Rolle, aber es gibt Situationen, in denen
man sich dieser Sache bewusst sein sollte.

Siehe auch

- Zwei Punkte mit Verbindungsgerade (S. 61)

5.3.4 Definitionsmodi

Die *Definitionsmodi* verwenden zur Konstruktion neuer Elemente ein schlichtes, auswahlbasiertes Definitionsverfahren. Sie aktivieren den gewünschten Definitionsmodus durch Klicken auf das entsprechende Icon in der Werkzeugleiste und können eine bestimmte Anzahl von Elementen im Zeichenbereich markieren. Nachdem Sie genügend Elemente markiert haben, wird das neu definierte Element zur Konstruktion hinzugefügt. Diese Modi sind zwar weniger bequem als *interaktive Modi*, ihre Verwendung ist aber manchmal unvermeidbar. Es sind hauptsächlich vier Situationen, in denen man Definitionsmodi verwenden sollte:

- Wenn eine bestimmte geometrische Operation nur als Definitionsmodus zur Verfügung steht. (Das betrifft folgende Operationen: "Winkelhalbierende", "Zirkel benutzen", "Kreis durch drei Punkte", "Kegelschnitt", "Kegelschnittmittelpunkt definieren", "Polare Gerade zu einem Punkt", "Polarer Punkt zu einer Geraden" und "Polygon definieren".)
- Wenn ein Schnittpunkt außerhalb der aktuellen Ansicht liegt. Zwei Geraden können zum Beispiel fast parallel sein, sodass ihr Schnittpunkt weit über den sichtbaren Zeichenbereich hinausläuft. Die normalen Hinzufügemodi "Punkt hinzufügen" und "Zwei Punkte mit Verbindungsgerade" sind in diesem Fall nicht verwendbar. Aber Sie können die Geraden nach wie vor markieren und den Modus *"Schnittpunkt definieren"* zum Einsatz bringen.
- Wenn ein Element unsichtbar oder komplex ist. Es kann dann immer noch markiert werden (in der Ansicht "Konstruktionsbeschreibung"), und Sie können folglich einen Definitionsmodus anwenden.
- Wenn eine Situation mehrdeutig ist. Dies ist etwa dann der Fall, wenn drei Geraden durch einen Punkt gehen. Der interaktive Modus *"Punkt hinzufügen"* kann dann nicht verwendet werden, um einen Schnittpunkt hinzuzufügen (weil ja dann alle drei Geraden in der Nähe der Mausposition sind). In so einem Fall müssen Sie daher den Modus *"Schnittpunkt definieren"* verwenden und die zwei gewünschten Geraden markieren.
  Wenn sich drei Geraden aufgrund eines *geometrischen Theorems* stets in einem Punkt schneiden (man denke hier etwa an die Höhen in einem Dreieck), garantieren **Cinderellas** interne Theorem-Prüfungs-Mechanismen automatisch, dass der dritte Punkt auch in der internen Darstellung auf allen drei Geraden liegt.

Es gibt ein paar Dinge, die für alle Definitionsmodi in gleicher Weise gelten und somit vorher bekannt sein sollten.

- Elemente werden durch Klicken mit dem Mauszeiger markiert. Dies kann in einer beliebigen geometrischen Ansicht geschehen (insbesondere in der *"Konstruktionsbeschreibung"* (S. 104), wo stets alle Elemente sichtbar und markierbar sind).
- Markierte Elemente werden in der Ansicht hervorgehoben.

- Oft können Sie auch Elemente markieren, bevor Sie einen Definitionsmodus aktivieren. Wenn Sie also zwei Geraden markieren und dann die Schaltfläche für den Modus *"Schnittpunkt definieren"* betätigen, wird der Schnittpunkt sofort hinzugefügt.

- Wenn Sie ein Element irrtümlich markiert haben, können Sie die Markierung des Elements mit einem zweiten Klick wieder aufheben.

- Sie können die Elemente auch durch Bewegen der Maus mit niedergedrückter Maustaste markieren. Alle vom Mauszeiger berührten Elemente werden dann ausgewählt (oder auch abgewählt, wenn Sie dabei, analog zum Modus *"Elemente auswählen"* (S. 57), die Shift-Taste niedergedrückt halten).

- Wenn bereits markierte Elemente nicht zu der erforderlichen Auswahl des jeweiligen Modus passen, werden sie ignoriert. Wenn Sie zum Beispiel in den Modus *"Kreis durch drei Punkte"* (S. 77) wechseln, so werden alle markierten Geraden, Kreise und Kegelschnitte ignoriert.

- Bei den Definitionsmodi erfolgt die Kommunikation mit dem Nutzer über die Statuszeile. Sie finden dort kurze Mitteilungen, die Sie über die nächste fällige Eingabe unterrichten.

5.3.4.1 ⊙ *Kegelschnittmittelpunkt definieren*

Wie der Name schon sagt, können Sie mit diesem Modus den Mittelpunkt eines Kegelschnittes (insbesondere eines Kreises) definieren. Im Allgemeinen ist der Mittelpunkt eines Kegelschnittes durch den Schnitt seiner Symmetrieachsen bestimmt.

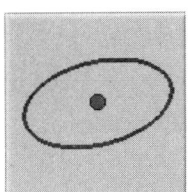   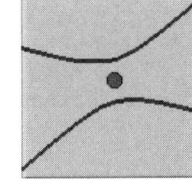

Mittelpunkt einer Ellipse   *Mittelpunkt einer Hyperbel*

Synopsis

Markieren Sie einen Kegelschnitt, und der Mittelpunkt wird konstruiert.

Warnung

Dieser Modus wird in nichteuklidischen Geometrien nicht direkt unterstützt; es wird immer der euklidische Mittelpunkt konstruiert.

5.3.4.2 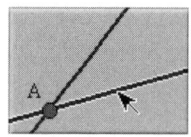 *Winkelhalbierende*

Dieser Modus wird zur Konstruktion der Winkelhalbierenden von zwei Geraden verwendet. Bei der Anwendung dieses Modus muss man ein wenig aufpassen, weil zwei Geraden ja nicht nur eine Winkelhalbierende haben, sondern zwei. Um diesem Umstand Rechnung zu tragen, verfügt der Modus über ein positionsabhängiges Auswahlschema.

Zur Bestimmung der Winkelhalbierenden müssen zwei Geraden ausgewählt werden. Dabei sind drei Positionen wesentlich für die Wahl der richtigen Winkelhalbierenden: einerseits die beiden Positionen, an denen die beiden Geraden angeklickt wurden; andererseits der Schnittpunkt der zwei Geraden. Stellen Sie sich nun das Dreieck vor, das von diesen drei Punkten gebildet wird. Es ist der Innenwinkel am Schnittpunkt, der bei dieser Operation halbiert wird (genau das wird man intuitiv erwarten).

Um den Auswahlprozedur ein wenig zu vereinfachen, bietet *Cinderella* einige graphische Hinweise zur bevorstehenden Wahl des richtigen Winkels.

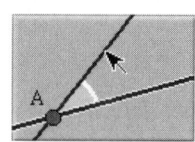

Erste Markierung:
Gerade hervorgehoben.
Klickposition wird
gespeichert.

Bewegen der Maus:
Der ausgewählte
Winkel wird
angedeutet.

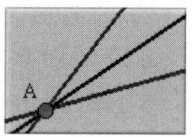

Zweite Markierung:
Winkelhalbierende
wird hinzugefügt.

Synopsis

Markieren Sie zwei Geraden zur Konstruktion der Winkelhalbierenden.

Warnung

Die Definition der Winkelhalbierenden hängt vom Typ der Geometrie ab (euklidisch, hyperbolisch oder elliptisch). In der hyperbolischen Geometrie können Winkelhalbierende sogar komplexe Koordinaten haben.

5.3.4.3 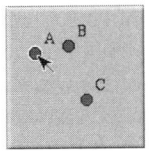 *Zirkel benutzen*

Der Zirkel ist ein überaus nützliches Instrument zum Übertragen des Abstandes zwischen zwei Punkten an irgendeinen anderen Ort. Der Zirkel in **Cinderella** funktioniert genauso wie ein wirklicher Zirkel. Sie selektieren einen ersten Punkt durch Klicken (d.h. Sie stechen die Zirkelspitze in den ersten Punkt). Dann selektieren Sie den zweiten Punkt durch Klicken (d.h. Sie stellen den Zirkel auf den Abstand zwischen ersten und zweiten Punkt ein). Jetzt können Sie den eingestellten Abstand an irgendeinen anderen Ort übertragen. Wenn Sie dann irgendwo im Zeichenbereich auf einen dritten Punkt klicken, wird um diesen Punkt ein Kreis mit dem eingestellten Abstand hinzugefügt.

 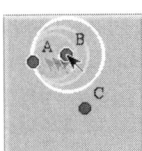 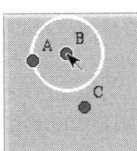 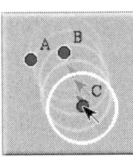 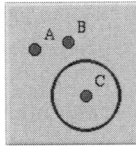

| *Erste Markierung:* Der erste Punkt wird hervorgehoben. | *Bewegen der Maus:* Die Entfernung wird angedeutet. | *Zweite Markierung:* Die Entfernung wird eingestellt. | *Bewegen der Maus:* Die Position wird angedeutet. | *Dritte Markierung:* Die Konstruction ist abgeschlossen. |

Synopsis

Selektieren Sie zwei Punkte, deren Abstand als Radius eines Kreises um einen dritten Punkt verwendet werden kann.

Warnung

Die Definition eines Kreises ändert sich mit dem Typ der Geometrie (euklidisch, hyperbolisch oder elliptisch).

Siehe auch

- Zwei Punkte und ein Kreis (S. 68)
- Kreis um einen Punkt (S. 69)

5.3.4.4 ⬛ *Spiegelungen benutzen*

Dieser Modus kombiniert Spiegelungen an Punkten, Geraden und Kreisen. Mit dem ersten Mausklick wählen Sie einen "Spiegel" aus, mit den weiteren Mausklicks die zu spiegelnden Elemente (Punkte, Geraden oder Kegelschnitte). Sie können den Spiegel durch einen zweiten Mausklick wieder abwählen.

- *Wenn der Spiegel eine Gerade ist*, wird eine gewöhnliche Spiegelung angewandt. Das Spiegelbild eines Punktes bezüglich einer Geraden ist der Punkt mit dem selben Abstand zur Geraden wie der ursprüngliche Punkt auf der durch den ursprünglichen Punkt gehenden Senkrechten zur Spiegelungsgeraden.
- *Wenn der Spiegel ein Punkt ist*, wird eine Spiegelung "an diesem Punkt" vorgenommen. Das Spiegelbild eines Punktes bezüglich eines anderen Punktes ist der Punkt mit dem selben Abstand zum Spiegelungszentrum wie der ursprüngliche Punkt auf der Verbindungsgeraden des Spiegelungspunktes und des ursprünglichen Punktes.
- *Wenn der Spiegel ein euklidischer Kreis ist,* wird eine Inversion an diesem Kreis ausgeführt. Das Inverse eines Punktes bezüglich eines Kreises ist ein Punkt auf der Verbindungsgeraden des ursprünglichen Punktes und des Kreismittelpunktes; der Abstand zu dem letzteren ist so gewählt, dass das Produkt dieses Abstandes und des Abstandes zwischen dem ursprünglichen Punkt und dem Kreismittelpunkt gleich dem Quadrat des Kreisradius ist.

Geraden und Kegelschnitte werden punktweise gespiegelt.

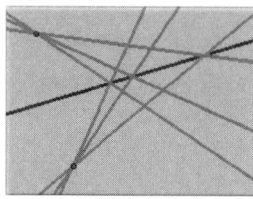
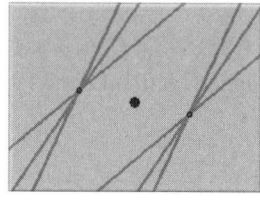
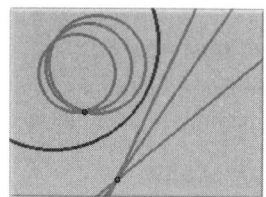

Spiegelung an einer Geraden   *Spiegelung an einem Punkt*   *Inversion an einem Kreis*

Synopsis

Markieren Sie zuerst einen Spiegel und dann die zu spiegelnden Elemente.

Warnung

Die Definition eines Spiegelbildes hängt massiv von der Wahl der zugrundeliegenden Geometrie ab.

5.3.4.5   *Kreis durch drei Punkte*

Dieser Modus dient zur Konstruktion eines Kreises durch drei Punkte. In der euklidischen Geometrie ist so ein Kreis stets eindeutig definiert als Umkreis des von den Punkten aufgespannten Dreiecks. Sie selektieren einen Punkt nach dem andern. Es gibt hier keine graphischen Hinweise in der Definitionsphase.

Synopsis

Markieren Sie drei Punkte, um ihren Umkreis zu konstruieren.

Warnung

Dieser Modus ist nur in der euklidischen Geometrie verfügbar. In anderen Geometrien (hyperbolisch, elliptisch) gibt es keinen eindeutigen Kreis mit der geforderten Eigenschaft.

Siehe auch

- Zwei Punkte und ein Kreis (S. 68)
- Kegelschnitt (S. 77)
- Kreis um einen Punkt (S. 69)

5.3.4.6   *Kegelschnitt*

Mit diesem Modus können Sie einen Kegelschnitt konstruieren, der durch fünf Punkte geht; er ist damit eindeutig festgelegt. Dieser Modus ist der grundlegende Modus für die Konstruktion eines allgemeinen Kegelschnittes.

Synopsis

Markieren Sie fünf Punkte zur Konstruktion eines Kegelschnittes.

Warnung

Wenn vier von den fünf Punkten kollinear sind, ist der Kegelschnitt nicht mehr eindeutig, und es wird ein Nullelement berechnet.

Siehe auch

- Kreis durch drei Punkte (S. 77)

5.3.4.7 ⬚ *Polare Gerade zu einem Punkt*

Dieser Modus erlaubt die Konstruktion der zu einem Punkt polaren Geraden
bezüglich eines Kegelschnittes. Sie markieren dazu Punkt und Kegelschnitt in
beliebiger Reihenfolge, und die polare Gerade wird konstruiert.

Es gibt ein paar sehr interessante Spezialfälle dieses Modus, die hier eigens
erwähnt werden sollen. Wenn der Punkt auf dem Kegelschnitt selbst liegt, wird
die eindeutige *Tangente* des Kegelschnittes durch diesen Punkt konstruiert. Noch
spezieller: Wenn es sich bei dem Kegelschnitt um einen Kreis handelt und der
Punkt auf dem Kreis liegt, dann wird die *Kreistangente* (die bekanntlich senkrecht
auf dem Kreisradius steht) an diesem Punkt konstruiert. Der Modus erlaubt zwar
die Konstruktion von allgemeinen polaren Geraden, aber die hier genannten Spezialfälle sind wohl seine Hauptanwendung.

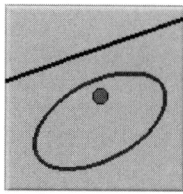   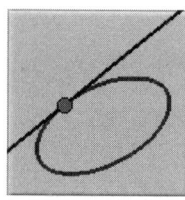   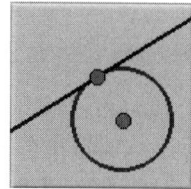

Allgemeine polare   Tangente am Kegel-   Tangente am
Gerade   schnitt   Kreis

Synopsis

Markieren Sie einen Punkt und einen Kegelschnitt, um die polare Gerade des
Punktes zu konstruieren.

5.3.4.8 ⬚ *Polarer Punkt zu einer Geraden*

Mit diesem Modus kann man den polaren Punkt zu einer gegebenen Geraden konstruieren. Insbesondere kann man also damit den Berührungspunkt einer Tangente
an einem Kegelschnitt finden. Gerade und Kegelschnitt können in beliebiger Reihenfolge markiert werden.

Synopsis

Markieren Sie eine Gerade und einen Kegelschnitt, um den polaren Punkt der
Geraden zu konstruieren.

5.3.4.9 ⬠ *Polygon definieren*

In diesem Modus wird ein Polygon aus einer Folge von Eckpunkten konstruiert. Selektieren Sie die Eckpunkte in der Reihenfolge, in der sie am Polygonrand erscheinen sollen. Im Gegensatz zu den anderen Definitionsmodi erwartet dieser Modus keine fixe Anzahl von Eingabeelementen. Die Definition des Polygons wird durch eine nochmalige Selektion des ersten Eckpunkts beendet, und das Polygon ist damit geschlossen. Wenn Sie also ein Polygon durch die Eckpunkte *A*, *B*, *C* und *D* konstruieren wollen, müssen Sie der Reihe nach *A*, *B*, *C*, *D* und *A* selektieren.

Wenn Sie irrtümlich einen falschen Punkt selektiert haben, klicken Sie einfach ein zweites Mal darauf, um den Punkt vom Polygonrand wieder zu entfernen. Sie können auf diese Weise allerdings nur den jeweils letzten Punkt abwählen.

Sie werden mit Hilfe von graphischen Hinweisen, in denen der bisher konstruierten Teil des Polygons angedeutet wird, durch die Definitionsphase geführt.

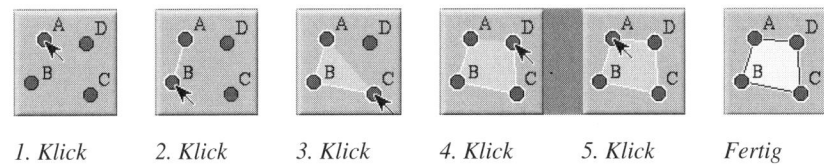

1. Klick   2. Klick   3. Klick   4. Klick   5. Klick   Fertig

Synopsis

Markieren Sie eine Folge von Eckpunkten, um ein Polygon zu definieren. Um die Definition abzuschließen, markieren Sie noch einmal den ersten Punkt.

Warnung

Dieser Modus wird nur in der euklidischen und sphärischen Ansicht und in der *"Konstruktionsbeschreibung"* (S. 104) unterstützt. In der hyperbolischen Ansicht werden Polygonobjekte ignoriert.

Die Orientierung des Polygons ist für das Flächenmaß wichtig.

Siehe auch

* Fläche messen (S. 86)

5.3.4.10 ▨ *Verbindungsgerade definieren*

Mit diesem Modus konstruieren Sie die Verbindungsgerade zweier Punkte. Wählen Sie zwei Punkte aus, und die Verbindungsgerade wird erzeugt.

Auf den ersten Blick mag dieser Modus überflüssig erscheinen. Normalerweise fügen Sie Geraden mit Hilfe des interaktiven Modus "Zwei Punkte mit Verbindungsgerade" (S. 61) hinzu. Es gibt jedoch Situationen, in denen Sie auf diesen Modus zurückgreifen müssen. Wenn zum Beispiel ein Punkt in der normalen Ansicht nicht erreichbar (oder gar komplex) ist, erscheint er dennoch in der *"Konstruktionsbeschreibung"* (S. 104) und kann dort selektiert werden, und Sie können mit diesem Modus eine Verbindungsgerade definieren.

Synopsis

Markieren Sie zwei Punkte, um Ihre Verbindungsgerade zu konstruieren.

Siehe auch

- Zwei Punkte mit Verbindungsgerade (S. 61)

5.3.4.11 ▨ *Schnittpunkt definieren*

In diesem Modus können Sie den Schnittpunkt von zwei Geraden konstruieren, indem Sie diese markieren.

Auf den ersten Blick mag dieser Modus überflüssig erscheinen. Normalerweise erzeugen Sie ja Punkte über den interaktiven Modus "Punkt hinzufügen" oder als Nebenprodukt irgendeines anderen Modus. Es gibt jedoch Situationen, in denen die Verwendung dieses Modus unvermeidbar ist. Wenn zum Beispiel der Schnitt von zwei Geraden in der normalen Ansicht nicht erreichbar ist, können die Geraden dennoch in der "Konstruktionsbeschreibung" (S. 104) selektiert werden, um mit Hilfe dieses Modus den Schnittpunkt zu definieren. Der Modus "Schnittpunkt definieren" ist auch dann eine gute Wahl, wenn Mehrdeutigkeiten auftreten - etwa bei drei sich in einem Punkt schneidenden Geraden.

Synopsis

Markieren Sie zwei Geraden, um ihren Schnittpunkt zu konstruieren.

Siehe auch

- Punkt hinzufügen (S. 59)

5.3.4.12 *Parallele definieren*

Mit diesem Modus konstruieren Sie die Parallele einer Geraden durch einen Punkt. Punkt und Gerade können dazu in beliebiger Reihenfolge markiert werden. In vielen Fällen ist es möglich, den bequemeren interaktiven Modus "Parallele" (S. 64) zu verwenden.

Synopsis

Markieren Sie eine Gerade und einen Punkt, um die Parallele zu der Geraden durch den Punkt zu konstruieren.

Warnung

Das Verhalten dieses Modus wird stark vom Typ der Geometrie beeinflusst. Während es in der euklidischen Geometrie stets genau eine Parallele gibt, hängt die Anzahl der Parallelen in nichteuklidischen Geometrien von der Definition der Parallelität ab. *Cinderella* nimmt den algebraischen Standpunkt ein: *Eine Gerade ist genau dann eine Parallele zur Geraden g, wenn sie mit g einen Winkel von null Grad einschließt.* Daher erzeugt dieser Modus in der hyperbolischen Geometrie genau zwei Parallelen.

In der elliptischen Geometrie gibt es nach der üblichen Definition gar keine Parallelen. Vom algebraischen Standpunkt aus existieren aber sehr wohl solche Parallelen; sie haben bloß komplexe Koordinaten und sind daher nie sichtbar. *Cinderella* konstruiert diese Parallelen, die zwar unsichtbar sind aber in der "Konstruktionsbeschreibung" (S. 104) sehr wohl angezeigt werden. Sie können dort auch selektiert und für weitere Konstruktionen verwendet werden.

Siehe auch

- Parallele (S. 64)
- Senkrechte definieren (S. 82)

5.3.4.13 ⬚ *Senkrechte definieren*

Mit diesem Modus konstruieren Sie die Senkrechte einer Geraden durch einen Punkt. Markieren Sie dazu den Punkt und die Gerade in beliebiger Reihenfolge. In den meisten Fällen ist es möglich, den bequemeren interaktiven Modus "Senkrechte" (S. 66) zu verwenden.

Synopsis

Markieren Sie eine Gerade und einen Punkt, um die Senkrechte zu der Geraden durch den Punkt zu konstruieren.

Warnung

Die Definition der Orthogonalität hängt von der gewählten Geometrie ab.

Siehe auch

- Senkrechte (S. 66)
- Parallele definieren (S. 81)

5.3.5 Messungen

Vielleicht ist das Messen als der eigentliche Ursprung der Geometrie anzusehen; jedenfalls stellt es bis heute einen wesentlichen Bestandteil dieser Disziplin dar. Es gibt in *Cinderella* Modi zum Messen von Abständen, Winkeln und Flächen. Diese Modi verhalten sich zumindest im Fall der euklidischen Geometrie relativ unkompliziert:

- *Markieren Sie zwei Punkte, um ihren Abstand zu bestimmen.*
- *Markieren Sie zwei Geraden, um den Winkel dazwischen zu bestimmen.*
- *Markieren Sie ein Polygon, einen Kreis oder einen Kegelschnitt, um deren Fläche zu bestimmen.*

Das ist in den meisten Fällen alles, was Sie wissen müssen. Es gibt jedoch wie immer eine Menge feiner Details, welche die Sache kompliziert machen können. Beim Arbeiten in nichteuklidischen Geometrien ist ja die entscheidende Definitionseigenschaft eine ungewöhnliche Messmethode. Was sich hier im Einzelnen abspielt, ist im Kapitel *Ein Blick hinter die Kulissen* (S. 29) genauer beschrieben. An dieser Stelle genügt die Feststellung, dass die Messungen in nichteuklidischen Geometrien von den gewohnten euklidischen Messungen abweichen: die Maße von Abständen und Winkeln können sogar komplex werden. Zur Berechnung der Maße wird die Theorie der *Cayley-Klein-Geometrien* verwendet. Diese allgemeine Behandlung von Messungen gehört zu den Kernelementen von *Cinderella*. Seien Sie also nicht beunruhigt über das absonderliche Verhalten von Messungen in nichteuklidischen Geometrien. Wenn man diese Phänomene verstehen will, ist es wohl am besten mit verschiedenen Konstruktionen so lange zu spielen, bis man ein Gefühl dafür bekommt. Es ist eines der Hauptziele von *Cinderella*, das intuitive Erfassen von nichteuklidischen Geometrien zu erleichtern.

Ein anderer subtiler Punkt tritt bei der Messung von Flächen zu Tage. *Cinderella* kann die Fläche von Polygonen und von Kegelschnitten messen. Es gibt in beiden Fällen ein paar Punkte, die besondere Beachtung verdienen. Es ist leicht, die Fläche eines sich nicht überschneidenden Polygons zu definieren. Aber was machen wir im anderen Fall? Der Zugang von *Cinderella* basiert auf Verwendung einer allgemeinen und konsistenten Formel für Flächenberechnungen. Dabei werden die Flächen in Bezug auf eine Orientierung gezählt. Wieviel ein Punkt im Inneren des Polygons zur Fläche beiträgt, hängt von seiner Windungszahl relativ zum Rand ab.

Die Fläche von Kegelschnitten ist auch ein heikles Thema. Es ist leicht, die Fläche einer Ellipse zu definieren. Aber was ist die Fläche einer Hyperbel? Ist sie unendlich? Ist sie undefiniert? Oder etwas ganz Anderes? *Cinderella* verwendet hier einen algebraischen Zugang, in dem für die verschiedenen Fälle eine möglichst einheitliche Formel verwendet wird. Es stellt sich nun heraus, dass die Fläche der Hyperbel am vernünftigsten durch eine komplexe Zahl beschrieben wird. Seien Sie also nicht überrascht, wenn bei Flächenmessungen von Kegelschnitten hin und wieder komplexe Zahlen auftauchen.

Anmerkung

Die Maße werden als Text angezeigt. Sie können als "Textobjekte" verwendet werden: man kann sie herumziehen und an eine andere Position setzen. Details finden Sie unter *"Beschriftung ändern/anbringen"* (S. 87).

5.3.5.1 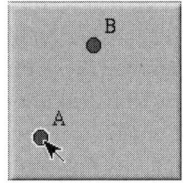 *Abstand messen*

Das Messen von Abständen ist in *Cinderella* nicht viel anders als das Zeichnen einer Geraden im Modus *"Zwei Punkte mit Verbindungsgerade"* (S. 61):

- Bewegen Sie den Mauszeiger über den ersten Punkt und drücken Sie die Maustaste.
- Dann ziehen Sie die Maus (die linke Taste bleibt also niedergedrückt) zum zweiten Punkt hin. Während Sie die Maus ziehen, erscheint ein Lineal mit dem momentanen Abstand zwischen dem erstem Punkt und der aktuellen Mausposition.
- Das Lineal rastet auf markierte Punkte ein. Sobald der zweite Punkt ausgewählt ist, können Sie die Maustaste loslassen.

 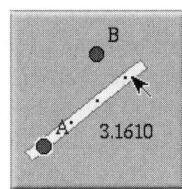 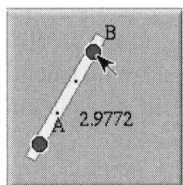 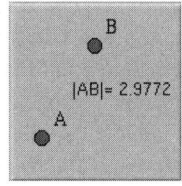

Maus drücken: Punkt wird markiert.

Maus ziehen: Lineal erscheint.

Maus ziehen: Zweiter Punkt wird markiert.

Maus loslassen: Das Messergebnis.

Synopsis

Messen Sie den Abstand zwischen zwei Punkten mit der Maussequenz Drücken-Ziehen-Loslassen.

Warnung

Die Definition des Abstandes variiert mit dem Typ der Geometrie (euklidisch, hyperbolisch oder elliptisch). In der hyperbolischen Geometrie können Abstände sogar komplex sein.

5.3.5.2 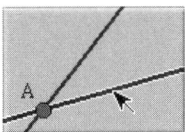 *Winkel messen*

Mit diesem Modus messen Sie den Winkel zwischen zwei Geraden. Bei der Anwendung dieses Modus muss man ein wenig aufpassen. Es gibt zwischen zwei Geraden nicht nur einen Winkel, sondern *es gibt zwei*: Winkel und Nebenwinkel. Um diesem Umstand Rechnung zu tragen, verfügt der Modus über ein positionsabhängiges Auswahlschema. Um einen Winkel zu messen, müssen zwei Geraden markiert werden. Dabei sind drei Positionen wesentlich für die Wahl des richtigen Winkels: einerseits die beiden Positionen, an denen die beiden Geraden angeklickt wurden; andererseits der Schnittpunkt der zwei Geraden. Stellen Sie sich nun das Dreieck vor, das von diesen drei Punkten gebildet wird. Es ist der Innenwinkel am Schnittpunkt, der bei dieser Operation gemessen wird (genau das wird man intuitiv erwarten).

Cinderella erleichtert die Auswahlprozedur durch eine graphische Andeutung des Winkels, der gemessen werden soll.

 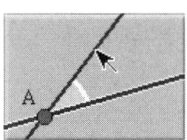 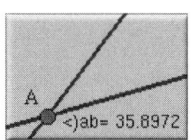

Erste Markierung:
Gerade hervorgehoben.
Klickposition wird
gespeichert.

Bewegen der Maus:
Der ausgewählte
Winkel wird
angedeutet.

Zweite Markierung:
Der Winkel
wird gemessen.

Synopsis

Messen Sie den Winkel zwischen zwei Geraden.

Warnung

Die Definition eines Winkels hängt ab vom Typ der Geometrie (euklidisch, hyperbolisch oder elliptisch). In der hyperbolischen Geometrie können Winkel sogar komplex sein.

5.3.5.3 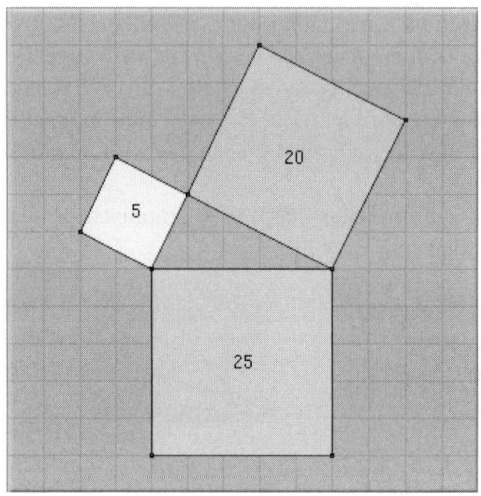 *Fläche messen*

In diesem Modus können Sie die Fläche von Polygonen und Kegelschnitten messen. Um die Fläche eines Polygons zu messen, klicken Sie einfach in das Innere. Zur Flächenmessung eines Kegelschnittes markieren Sie diesen einfach. Insbesondere können Sie auf diese Weise die Fläche eines Kreises messen.

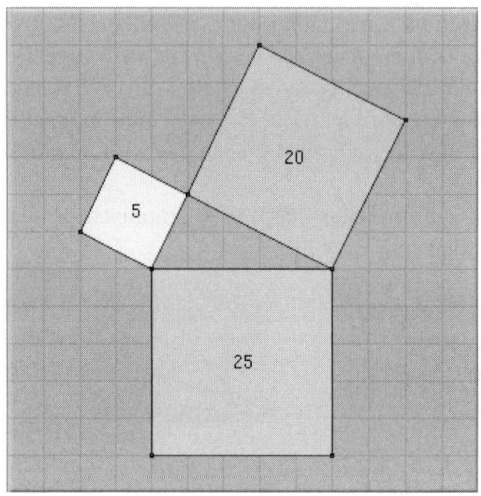

Der pyhtagoräische Lehrsatz mit Flächenmaßen

Synopsis

Markieren Sie ein Polygon oder einen Kegelschitt, um die Fläche zu messen.

Warnung

Die Fläche einer Hyperbel kann komplex sein.

Der Beitrag eines Punktes zur Fläche eines Polygons wird relativ zu seiner "Windungszahl" berechnet. Flächen können also insbesondere dann negativ werden, wenn das Polygon im Uhrzeigersinn orientiert ist. Die Fläche von selbst-überschneidenden Polygonen kann sogar Null sein.

5.3.6 Spezialmodi

5.3.6.1 ABC *Beschriftung ändern/anbringen*

Der Modus "Beschriftung ändern/anbringen" ist ein Multifunktionsmodus für fast alles, was mit mit der Darstellung von Text innerhalb einer Ansicht zu tun hat. Hier die wichtigsten Anwendungen dieses Modus:

- *Allgemeine Beschriftung anbringen:* Klicken Sie auf irgendeine Position im Zeichenbereich. Es erscheint dann ein Dialogfenster, in dem Sie Text eingeben können. Wenn Sie dieses Dialogfenster verlassen, wird der Text dargestellt an der Position, wo Sie hingeklickt haben.
- *Beschriftung ändern:* Wenn Sie auf einen bereits vorhandenen Text klicken, erscheint ein Dialogfenster mit dem alten Text, den Sie nun bearbeiten können. Wenn Sie dieses Dialogfenster verlassen, wird der alte Text durch den neuen ersetzt.
- *Elementbeschriftung ändern:* Wenn Sie auf ein geometrisches Element klicken, erscheint ebenfalls ein Dialogfenster, in dem Sie jetzt die Beschriftung dieses Elements ändern können. Es gibt hierbei allerdings eine Einschränkung: Die Beschriftung des Elements muss in der Konstruktion eindeutig sein. Wenn Sie versuchen, eine bereits vorhandene Elementbeschriftung einzugeben, erscheint eine Warnung, und die Beschriftung bleibt unverändert.

Beschriftungen sind viel flexibler, als man auf den ersten Blick meinen würde, weil es noch zwei wichtige Funktionen gibt, das *Ankoppeln von Texten* und das *Referenzieren von Daten*:

Ankoppeln von Texten: Eine Beschriftung ist normalerweise fixiert auf eine bestimmte Position relativ zum Koordinatensystem des Zeichenbereiches. Wenn Sie die Ansicht skalieren oder verschieben, wird die Beschriftung dabei mitwandern. Das ist auch meistens so erwünscht, aber hin und wieder brauchen Sie vielleicht einen anderen Effekt. Angenommen Sie haben eine Kurzbeschreibung der Konstruktion, die stets in der linken oberen Ecke des Zeichenbereichs angezeigt werden soll. In diesem Fall können Sie das "Ankoppeln" einsetzen. Sie wählen im Zugmodus eine Beschriftung aus und verschieben sie durch Ziehen der Maus. Wenn Sie an eine Position nahe am Rand des Zeichenbereiches kommen, werden Sie merken, wie die Beschriftung auf vordefinierte Ankopplungspunkte einrastet. Ist der Text einmal an den Rand angekoppelt, bleibt er relativ zum Fenster immer in dieser Position (bis sie die Beschriftung wieder an eine andere Stelle verschieben).

Man kann eine Beschriftung auch an einen Punkt ankoppeln. Ziehen Sie dazu die Beschriftung nahe zum Punkt hin, bis er hervorgehoben wird. Die Beschriftung wird dann fest mit dem Punkt verbunden bleiben.

Referenzieren von Daten: Es ist oft nötig, variable Daten in eine Beschriftung einzufügen. Man denke etwa an einen Beschriftung wie: "Der Abstand zwischen A und B ist 25 cm." In einem solchen Text meinen Sie normalerweise den tatsächlichen Abstand zwischen "A" und "B", nicht den fixen Text "25". Sie greifen also auf den Wert eines geometrischen Elements zurück - Sie *referenzieren* diesen Wert. Wenn "A" das geometrische Element ist, dann referenzieren Sie mit "@#A" seinen Wert. Außerdem sollten Sie im Normalfall "A" und "B" als Elementbeschriftungen kennzeichnen. Dadurch werden spätere Änderungen der Elementnamen automatisch in den Beschriftungsobjekten nachvollzogen, und der angezeigte Text ändert sich dabei entsprechend. Sie können die Schreibweise "@$A" benutzen, um den Namen einer Elementbeschriftung zu referenzieren. Wenn "dist0" die Beschriftung eines Abstandsobjektes ist, würde man den oben beschriebenen Effekt mit folgendem Eingabetext erreichen:

```
Der Abstand zwischen @$A und @$B ist @#dist0 cm.
```

Im Fall von Punkten, Geraden und Kegelschnitten liefert der Operator "@#" die Koordinaten. Daher können Sie auch schreiben:

```
Die Koordinaten von @$A lauten @#A.
```

Insgesamt haben Sie drei Möglichkeiten, die Daten eines geometrischen Elementes zu referenzieren. Wenn eine Elementbeschriftung den Namen element hat, dann bekommen Sie

* die *Beschriftung* des Elements durch @$element,
* die *Definition* des Elements durch @@element und
* *Wert oder Position* des Elements durch @#element.

Die dadurch erzeugten Texte sind genau diejenigen, die Sie auch in der Konstruktionsbeschreibung (S. 104) sehen können. Die detaillierte Darstellung von Wert oder Position eines Elements kann durch die entsprechenden Setzungen im Menü "Format" gesteuert werden.

Wenn Sie griechische Buchstaben verwenden wollen, so können Sie diese über @ und den Namen erreichen, zum Beispiel @alpha oder @Omega.

Synopsis
Bringen Sie eine Beschriftung an bzw. bearbeiten Sie diese.

5.3.6.2 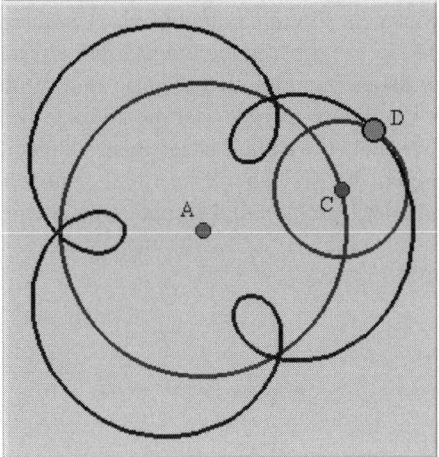 *Ortskurve definieren*

Eine Ortskurve entsteht aus der Spur eines Punktes bei Bewegung eines anderen Punktes. Somit ist sie durch drei Objekte definiert:

- Das *sich bewegende Element*: ein freies Element, dessen Bewegung die Erzeugung der Ortskurve antreibt.
- Die *Straße*: an dieses Element wird das sich bewegende Element gebunden, sodass es gleichsam "die Straße entlangfährt".
- Der *zu verfolgende Punkt*: dieses Element erzeugt die Spur, die dann als Ortskurve dargestellt wird.

Das sich bewegende Element, die Straße und der zu verfolgende Punkt müssen in dieser Reihenfolge ausgewählt werden. Wenn aber das sich bewegende Element ein "Punkt auf einer Geraden", ein "Punkt auf einem Kreis" oder eine "Gerade durch einen Punkt" ist, so erkennt *Cinderella* von selber, dass die Straße eindeutig bestimmt ist und wählt diese automatisch aus. Beobachten Sie die Meldungszeile, um zu sehen, welche Eingabe in dem jeweiligen Konstruktionsstadium benötigt wird. Derzeit werden folgende Kombinationen (sich bewegendes Element / Straße) unterstützt:

- *Punkt / Gerade:* Der Punkt bewegt sich entlang der Geraden.
- *Punkt / Kreis:* Der Punkt bewegt sich auf dem Kreisrand.
- *Gerade / Punkt:* Die Gerade rotiert um den Punkt.

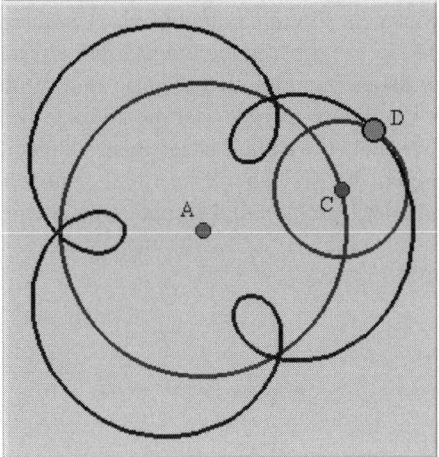

Eine Zykloide

Cinderella unterstützt auch "Geraden" als zu verfolgende Elemente. Es wird in diesem Fall die Einhüllende der sich bewegenden Geraden konstruiert.

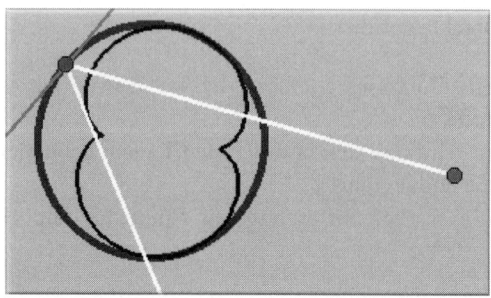

Die Einhüllende von Lichtstrahlen in einem Kreisspiegel

Die Ortskurven von Elementen sind reelle Zweige von algebraischen Kurven. *Cinderella* versucht stets, den gesamten reellen Zweig zu erzeugen.

Synopsis

Erzeugen Sie eine Ortskurve, indem Sie das sich bewegende Element, eine Straße und das zu verfolgende Element auswählen.

Warnung

Sie werden manchmal bei der Berechnung der Ortskurve eine kurve Verzögerung merken. Geben Sie bitte die Schuld dafür nicht Ihrem Computer oder *Cinderella* (oder, schlimmer noch, den Autoren). Diese Verzögerungen können ihre Ursache in den extrem schwierigen Rechnungen haben, die nun einmal nötig sind für das korrekte Endergebnis (ein vollständiger Zweig der Kurve) oder die korrekte Bildschirmdarstellung nach Bewegungen. Wir haben wirklich unser Bestes gegeben, um diese Berechnungen zu beschleunigen. Es gibt aber eine (mathematische) Obergrenze, wo wir die Genauigkeit nicht der Geschwindigkeit opfern möchten.

Siehe auch

*   Automatische Animation (S. 91)

5.3.6.3 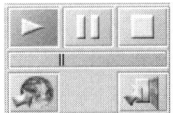 *Automatische Animation*

Während Sie im Zugmodus die Punkte selber bewegen, erledigt das im Animationsmodus *Cinderella* für Sie. Eine Animation wird durch ein "sich bewegendes Element" und eine "Straße" festgelegt, ählich wie beim Modus "Ortskurve definieren".

- Das *sich bewegende Element* ist ein freies Element, dessen Bewegung die Animation antreibt.
- Dieses wird an ein weiteres Element gebunden, das wir *Straße* nennen: das sich bewegende Element fährt also gleichsam diese Straße entlang.

Sie können entweder das sich bewegende Element und die Straße (in dieser Reihenfolge!) anklicken oder auf eine Ortskurve klicken, wodurch die entsprechenden Elemente der Ortskurve automatisch ausgewählt werden. Wenn das sich bewegende Element ein "Punkt auf einer Geraden", ein "Punkt auf einem Kreis" oder eine "Gerade durch einen Punkt" ist, so erkennt *Cinderella* von selber die damit eindeutig gegebene Straße und markiert diese automatisch. Derzeit werden folgende Kombinationen (sich bewegendes Element / Straße) unterstützt:

- *Punkt / Gerade:* Der Punkt bewegt sich entlang der Geraden.
- *Punkt / Kreis:* Der Punkt bewegt sich auf dem Kreisrand.
- *Gerade / Punkt:* Die Gerade rotiert um den Punkt.

Sobald Sie die Animation gestartet haben, erscheint ein kleines Fenster zur Animationssteuerung:

Dieses Fenster enthält 5 Schaltflächen und einen Schieber. Mit dem Schieber können Sie die Animationsgeschwindigkeit regeln. Die Schaltflächen haben die folgende Bedeutung:

- Animation starten.
- Animation unterbrechen.
- Animation stoppen.
- Animation als WWW-Seite exportieren.
- Animation beenden.

Solange eine Animation läuft, sind alle anderen Funktionen von *Cinderella* blockiert. Somit kann der Animationsmodus auch nur durch das Betätigen der Schaltfläche "Animation beenden" verlassen werden.

In den exportieren WWW-Seiten von Animationen, die in *Cinderella* erzeugt wurden, kann man die Elemente nicht interaktiv ziehen, weil die gesamte Animation von *Cinderella* automatisch durchgeführt wird. Die Operation "WWW-Seite mit dieser Animation erzeugen" exportiert sämtliche momentan geöffneten Ansichten. Weitere Informationen zu diesem Thema finden Sie im Kapitel *Interaktive Webseiten und Übungsaufgaben* (S. 114).

Synopsis

Starten Sie eine Animation, indem Sie das sich bewegendes Element und eine Straße markieren.

Siehe auch

- Ortskurve definieren (S. 89)

5.3.6.4  Strecke zwischen zwei Punkten

Dieser Modus ist völlig analog zum Modus "Zwei Punkte mit Verbindungsgerade". Unter Verwendung der Maussequenz "Drücken-Ziehen-Loslassen" fügen Sie zwei Punkte samt deren Verbindungsstrecke hinzu. Darüber hinaus können Sie die Strecken auch an einem oder beiden Enden mit Pfeilen versehen. Im Gegensatz zu Geraden sind Strecken als geometrische Elemente *nicht aktiv*. Das bedeutet, dass sie eine Strecke für nachfolgende geometrische Konstruktionen (etwa das Erzeugen von Schnittpunkten) nicht verwenden können. Strecken sind also rein graphische Elemente.

Es gibt für diesen Modus hauptsächlich zwei Anwendungen. Die erste ist offensichtlich: Sie wollen einen Pfeil erzeugen. Die zweite Anwendung ist weitaus subtiler. Angenommen Sie wollen in einer Konstruktion mehr als eine Strecke auf derselben Trägergeraden hervorheben. Da man in *Cinderella* Elemente nicht mehr als einmal hinzufügen darf, können Sie klarerweise keine zwei identischen Geraden anlegen. Auch das Abschneiden von Geraden in *Cinderella* hilft uns hier im Allgemeinen nicht weiter. Um dieses Problem zu umgehen, können Sie Strecken benutzen. Da in *Cinderella* Strecken nur als graphische Elemente behandelt werden, kommt es hier zu keinen mathematischen Inkonsistenzen.

Pfeile

Um einen Pfeil zu zeichnen, konstruieren Sie zuerst eine Strecke, markieren Sie diese und öffnen Sie dann den Pfeile-Dialog im Menüpunkt "Eigenschaften/Pfeil bearbeiten".

Der Pfeile-Dialog

Der Pfeile-Dialog ist analog zum Elementeigenschaften-Dialog aufgebaut. Alle Veränderungen beziehen sich auf die momentan ausgewählten Strecken. Sie können auf beiden Seiten der Strecke Pfeile anbringen (links, rechts oder doppelt) und zwischen vier verschiedenen Pfeilspitzen wählen. Die zwei Schieber dienen zum Einstellen der Größe und Position des Pfeiles.

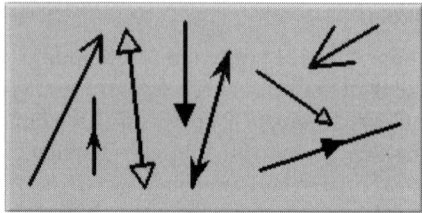

Beispiele verschiedener Pfeile

Synopsis

Fügen Sie unter Verwendung der Maussequenz Drücken-Ziehen-Loslassen eine Strecke hinzu.

Warnung

Pfeile werden derzeit nur in euklidischen Ansichten unterstützt. Strecken und Pfeile sind *rein graphische* Elemente und können für weitere Konstruktionen nicht verwendet werden.

Siehe auch

- Zwei Punkte mit Verbindungsgerade (S. 61)

5.4 Geometrien

Die Unterstützung von verschiedenen *Geometrien* ist eine der Hauptstärken von *Cinderella*. Wenn Ihnen die Vorstellung von "verschiedenen Geometrien" nicht vertraut ist, klingt das wahrscheinlich verwirrend für Sie. Lesen Sie in diesem Fall das Kapitel *Ein Blick hinter die Kulissen* (S. 29) für eine kurze Einführung. Für Anwender mit Grundkenntnissen über euklidische und nichteuklidische Geometrien ist es wahrscheinlich ausreichend, den vorliegenden Referenzteil zu lesen.

Noch eine Warnung sei vorausgeschickt: Verwechseln Sie nicht *Geometrien* mit *Ansichten*. Beide erlauben ähnlich klingende Einstellungen, aber erstere definieren das tatsächliche geometrische Verhalten der Elemente, während letztere nur ihre Darstellung beeinflussen.

5.4.1 Geometrietypen

In jedem Hauptfenster von *Cinderella* finden Sie drei Schaltflächen zur Wahl des Geometrietyps. In der aktuellen Version bietetet *Cinderella* drei verschiedene Geometrietypen: *euklidische Geometrie, hyperbolische Geometrie* und *elliptische Geometrie*. Sie können zwischen diesen drei Geometrien wechseln durch Betätigen der Schaltflächen

- **Euc** für die *euklidische Geometrie*,
- **Hyp** für die *hyperbolische Geometrie*,
- **Ell** für die *elliptische Geometrie*.

Die Wahl einer Geometrie hat keine Auswirkung auf bereits konstruierte Elemente, aber jedes neu hinzugefügte Element wird in Bezug auf die neue Geometrie interpretiert. Man könnte sich an jedes Element eine kleine Notiz angeheftet denken, in der die zugehörige Geometrie vermerkt ist. Die Wahl der Geometrie wirkt sich vor allem auf die Messung von *Abständen* und *Winkeln* aus.

Aber auch andere Konstruktionen werden durch die Wahl der Geometrie beeinflusst. So ist zum Beispiel die Winkelhalbierende als eine Gerade definiert, die zu zwei gegebenen Geraden den gleichen Winkel hat. Wenn sich nun die Winkelmessung ändert, so wird sich damit der Begriff der Winkelhalbierenden ebenfalls ändern. Ähnliches gilt für Begriffe wie "Parallele" und "Senkrechte". Auch der Kreisbegriff hängt von der Wahl der Geometrie ab, da ein Kreis ja definiert ist als die Menge aller Punkte mit gleichem Abstand zu einem Mittelpunkt. Wenn sich also der Abstandsbegriff ändert, so hat das auch seine Auswirkung auf den Kreisbegriff.

Dagegen sind andere Operationen von der Wahl der Geometrie gänzlich unabhängig: die Verbindungsgerade zwischen zwei Punkten wird stets dieselbe bleiben, egal in welcher der obigen Geometrien man sich befindet.

Die folgende Auflistung zählt sämtliche Konstruktionen auf, die von der Wahl der Geometrie abhängen. Man beachte, dass sich dabei sowohl die Position als auch die Anzahl der konstruierten Elemente ändern kann.

- *Abstand:* Der Abstandsbegriff hängt von der Geometrie ab. In der hyperbolischen Geometrie kann es sogar passieren, dass der Abstand zwischen reellen Punkten komplex wird, wenn die Verbindungsgerade der beiden Punkte gänzlich außerhalb des Horizonts liegt.
- *Winkel:* Der Winkelbegriff hängt von der Geometrie ab. Wie im Fall des Abstandes können auch Winkel komplex werden.
- *Kreis:* Der Kreisbegriff hängt von der Definition des Abstandes ab, und dieser ist in jeder Geometrie anders definiert. Das wirkt sich auf sämtliche Konstruktionsmodi für Kreise aus. In der euklidischen Ansicht können hyperbolische und elliptische Kreise das Aussehen von beliebigen Kegelschnitten haben. Das Bild klärt sich in den anderen Ansichten: In der hyperbolischen Ansicht (Poincaré'sche Kreisscheibe) schauen die hyperbolische Kreise wie echte Kreise aus; in der sphärischen Ansicht erscheinen die elliptischen Kreise als wirkliche Kreise auf einer Kugeloberfläche.
- *Spieglung:* Der Begriff der Spiegelung ist von Abständen und Winkeln und somit auch von der Geometrie abhängig (das betrifft sämtliche Spiegelungstypen).
- *Winkelhalbierende:* Es gibt in allen drei Geometrien zwei Winkelhalbierende für ein Geradenpaar, aber die genaue Position hängt von der gewählten Geometrie ab. In der hyperbolischen Geometrie können die Winkelhalbierenden von reellen Geraden auch komplex werden.
- *Mittelpunkt:* Der Mittelpunkt zweier Punkte hängt von der Definition des "Abstandes" ab. In der euklidischen Geometrie gibt es genau einen solchen Mittelpunkt (also einen Punkt mit gleichem Abstand zu den beiden gegebenen Punkten). In der hyperbolischen und elliptischen Geometrie gibt es dagegen zwei Abstände in diesem Sinn. *Warnung:* Wenn Sie die "hyperbolische Ansicht" verwenden, ist nur einer dieser beiden Punkte sichtbar, weil der andere außerhalb des Horizonts liegt.
- *Gerade mit festem Winkel:* Diese Konstruktion wird von der Wahl der Geometrie beeinflusst, weil hier der Winkel eine Rolle spielt.
- *Senkrechte:* Der Begriff einer Senkrechten hängt vom Winkelbegriff ab und ist daher auch von der gewählten Geometrie abhängig.
- *Parallele:* In **Cinderella** sind die Parallelen einer Geraden *g* definiert als Geraden mit Winkel Null gegenüber *g*. In der euklidischen Geometrie ist die Parallele zu *g* eindeutig festgelegt, während es in der hyperbolischen und elliptischen Geometrie im Allgemeinen zwei solche Parallelen gibt. In der elliptischen Geometrie haben die Parallelen normalerweise komplexe Koordinaten, sodass Sie nur in der "Konstruktionsbeschreibung" angezeigt werden.

In der aktuellen Version von *Cinderella* werden ein paar Operationen nicht in allen Geometrien unterstützt. Es sind dies die Operationen *Kreis durch drei Punkte*, *Fläche messen* und *Kegelschnittmittelpunkt definieren*; es wird hier stets das euklidische Ergebnis berechnet.

5.4.2 Ansichten und Geometrien

Obwohl man jede Geomtrie mit jeder Ansicht verwenden kann, sind einige Kombinationen häufiger als andere. Hier eine kurze Auflistung, was die üblichen Kombinationen bewirken:

- *Euklidische Ansicht (S. 98)* in der *euklidischen Geometrie*:
  Das ist wohl die häufigste von allen Optionen. Die geometrischen Elemente verhalten sich wie "gewöhnliche Elemente" in einer "gewöhnlichen Ebene".
- *Sphärische Ansicht (S. 101)* in der *euklidischen Geometrie*:
  Diese Option bietet Ihnen die Kontrolle über das Verhalten der euklidischen Ebene "im Unendlichen". Die sphärische Ansicht stellt eine Doppelüberdeckung der euklidischen Ebene dar. Jede Gerade wird auf einen Großkreis abgebildet und jeder Punkt auf ein Paar antipodaler Punkte. Der Rand der ursprünglichen (also noch nicht rotierten) Ansicht entspricht der "Geraden im Unendlichen" der euklidischen Ebene.
- *Euklidische Ansicht (S. 98)* in der *hyperbolischen Geometrie*:
  Was Sie hier sehen, ist das sogenannte "Beltrami-Klein-Modell" der hyperbolischen Geometrie. In diesem Modell sind hyperbolische Geraden wirklich gerade, und Messungen werden gemäß den Definitionen der Cayley-Klein-Geometrie durchgeführt. In der euklidischen Ansicht wird der Horizont der hyperbolischen Geometrie als dünner Kreis angezeigt.
- *Hyperbolische Ansicht (S. 102)* in der *hyperbolischen Geometrie*:
  Diese Option ist unter dem Namen Poincaré'sche Kreisscheibe bekannt. Hyperbolische Geraden werden dargestellt durch Kreisbögen, die den Rand der Kreisscheibe im rechten Winkel schneiden. Die Poincaré'sche Kreisscheibe verzerrt die gewöhnliche Ebene in solch einer Weise, dass die hyperbolischen Winkel zwischen Geraden genau den "euklidischen" Winkeln zwischen den zugehörigen Kreisbögen entsprechen. Mathematisch ausgedrückt: "Die Poincaré'sche Kreisscheibe ist eine konforme Darstellung der hyperbolischen Ebene." In diesem Bild schauen hyperbolische Kreise tatsächlich kreisförmig aus.
  Die ganze Kreisscheibe stellt nur einen Teil der gesamten Ebene der entsprechenden Cayley-Klein-Geometrie dar. Der dargestellte Teil entspricht dem Gebiet innerhalb des Kreises in der euklidischen Ansicht.
  Die Abstandsmessung hat die Eigenschaft, dass der Abstand zwischen einem beliebigen Punkt im Innern und einem beliebigen Punkt auf dem Kreisrand stets gleich unendlich ist.

- *Sphärische Ansicht* in der *elliptischen Geometrie*:
  Die sphärische Ansicht ist die natürliche Ansicht für die elliptische Geometrie. Der Winkel zwischen zwei Geraden entspricht dem sphärischen Winkel
  der zugehörigen Großkreise. Die Abstandsmessung entspricht der geodätischen Messung von Abständen auf der Kugeloberfläche. Elliptische Kreise
  entsprechen wieder Kreisen auf der Kugeloberfläche.

  Man muss hier jedoch ein bisschen vorsichtig sein. Elliptische Geometrie ist nicht einfach dasselbe wie sphärische Geometrie (also Geometrie auf
  einer Kugeloberfläche). Das kommt daher, dass in der elliptischen Geometrie
  antipodale Punkte miteinander identifiziert werden.

5.5 Ansichten

Das Menü "Ansichten" ermöglicht Ihnen, Fenster mit verschiedenen Ansichten
der geometrischen Konstruktion zu öffnen. Jede Ansicht ist eine Art "Projektion"
der abstrakten Konfiguration auf einen sichtbaren Bereich des Computerbild-
schirms. Normalerweise können Sie in jeder dieser Ansichten Konstruktionen
erstellen und bearbeiten. Alle Änderungen werden unmittelbar an die anderen
Ansichten weitergegeben. Insbesondere können Sie auch verschiedene Ansichten
desselben Typs haben (etwa zwei euklidische Ansichten mit unterschiedlichem
Maßstab).

Die Ansichten stehen auch in engem Zusammenhang mit den verschiedenen
Geometrietypen. Welche Ansicht für welche Geometrie geeignet ist, wird im
Abschnitt *Ansichten und Geometrien* (S. 97) behandelt.

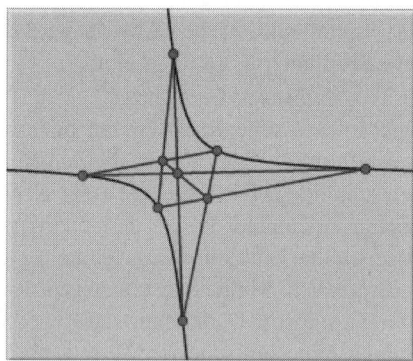

Der Satz von Pascal in euklidischer Ansicht

5.5.1 Euklidische Zeichenoberfläche (euklidische Ansicht)

Die euklidische Ansicht stellt die übliche Zeichenfläche dar. Wenn Sie *Cinderella* starten, bekommen Sie ein Fenster mit einer euklidischen Ansicht als natürliche Ansicht für euklidische Geometrie.

Die euklidische Ansicht hat einige ansichtspezifische Schaltflächen, die Sie zum Zoomen und Verschieben des Zeichenblattes sowie zum Steuern der Hilfskästchen und Einrastpunkte verwenden können.

5.5.1.1   Zeichenblatt verschieben

Mit diesem Modus können Sie das ganze Zeichenblatt mitsamt des Koordinatensystems verschieben. Nach Betätigen der entsprechenden Schaltfläche können Sie bei niedergedrückter linker Maustaste das Zeichenblatt hin und her schieben.

5.5.1.2   Vergrößern des Ausschnittes

Mit diesem Modus können Sie einen bestimmten Ausschnitt der Konstruktion vergrößern; es gibt dazu zwei Möglichkeiten:

- Sie markieren den gewünschten Bereich mit der Maussequenz Drücken-Ziehen-Loslassen. Die Ansicht wird dann soweit vergrößert, dass Sie genau diesen Bereich sehen.
- Sie können mit der linken Maustaste auf eine beliebige Position in der Ansicht klicken, um den Bereich um den Klickpunkt zu vergrößern. Der Zoomfaktor ist dann 1,4. Sie können auch die rechte Maustaste (oder die linke zusammen mit der Shift-Taste) drücken, um die dazu inverse Zoomoperation zu bewirken.

5.5.1.3   Verkleinern des Ausschnittes

Mit diesem Modus können Sie den momentan sichtbaren Bereich der Konstruktion auf einen bestimmten Ausschnitt hin verkleinern; es gibt dafür zwei Möglichkeiten:

- Sie markieren den gewünschten Ausschnitt mit der Maussequenz Drücken-Ziehen-Loslassen. Die Ansicht wird dann soweit verkleinert, dass sie genau in diesem Ausschnitt Platz findet.
- Sie können mit der linken Maustaste auf eine beliebige Position in der Ansicht klicken, um den Bereich um den Klickpunkt zu verkleinern. Der Zoomfaktor ist dann 0,7. Sie können auch die rechte Maustaste (oder die linke zusammen mit der Shift-Taste) drücken, um die dazu inverse Zoomoperation zu bewirken.

5.5.1.4 ⌕ *Alle Punkte anzeigen*

Bei Betätigen dieser Schaltfläche wird der Zeichenausschnitt durch Vergrößern oder Verkleinern so angepasst, dass alle Punkte der Konstruktion sichtbar sind.

5.5.1.5 ▦ *Kästchen einzeichnen*

Mit dieser Schaltfläche steuern Sie, ob die Hilfskästchen in der Ansicht einge-zeichnen werden sollen oder nicht. Das Klicken auf die Schaltfläche schaltet die Kästchen abwechselnd ein und aus.

5.5.1.6 ▦ *Koordinatenachsen einzeichnen*

Mit dieser Schaltfläche steuern Sie, ob die Koordinatenachsen in der Ansicht ein-gezeichnet werden sollen oder nicht. Das Klicken auf die Schaltfläche schaltet die Achsen abwechselnd ein und aus.

5.5.1.7 ↺ *Auf Gitterpunkte einrasten*

Mit dieser Schaltfläche steuern Sie, ob die Maus auf Gitterpunkte einrasten soll: bei Aktivierung werden diese gewissermaßen magnetisch und ziehen die Maus an. Damit haben Sie das ideale Werkzeug für exakte Zeichnungen. Das Klicken auf diese Schaltfläche schaltet den Einrastmodus abwechselnd ein und aus. Beim Ein-schalten werden automatisch auch Kästchen und Koordinatenachsen angezeigt, können danach aber individuell wieder abgeschaltet werden.

5.5.1.8 ➕ *Das Gitter dichter machen*

Das von den Kästchen gebildete Gitter kann mit dieser Schaltfläche engmaschiger gemacht werden.

5.5.1.9 ➖ *Das Gitter weniger dicht machen*

Das von den Kästchen gebildete Gitter kann mit dieser Schaltfläche weitmaschi-ger gemacht werden.

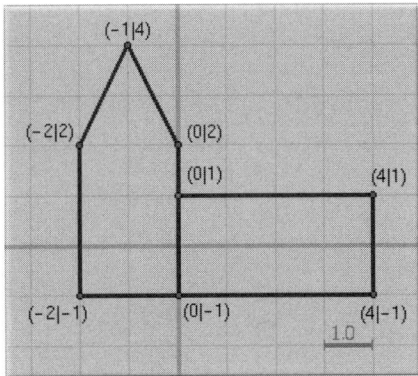

Der Einrastmodus für exakte Zeichnungen

5.5.2 Sphärische Zeichenoberfläche (sphärische Ansicht)

Die sphärische Ansicht entsteht durch eine Projektion der euklidischen Ebene auf eine Kugeloberfläche. Das Projektionszentrum ist der Kugelmittelpunkt, der nicht in dieser Ebene liegt.

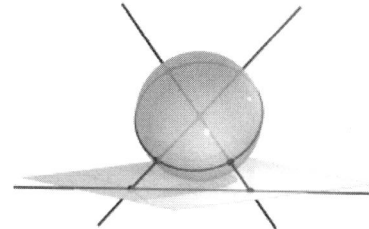

Projektion von der Ebene auf die Kugel

Diese Projektion bildet jeden Punkt auf ein Paar antipodaler Punkte auf der Kugeloberfläche ab. Jede Gerade wird auf einen Großkreis (Äquator) abgebildet. Die Inzidenzstruktur bleibt dabei erhalten. Die Verwendung der sphärischen Ansicht bietet Ihnen die Möglichkeit, Elemente im Unendlichen zu bearbeiten. Sie liegen auf dem Rand der abgebildeten Kugel, sofern diese noch nicht rotiert wurde.

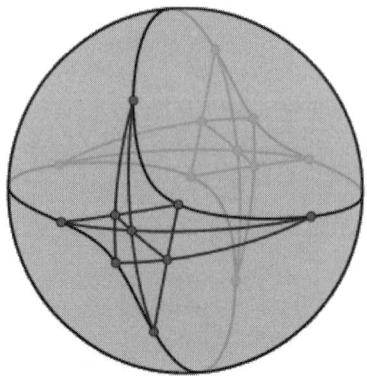

Der Satz von Pascal in sphärischer Ansicht

Die sphärische Ansicht ist auch eine natürliche Darstellungsmethode für die elliptische Geometrie. Die Messung von Winkeln zwischen Geraden entspricht dann der Winkelmessung auf der Kugel. Die Abstandsmessung entspricht der üblichen geodätischen Messung von Abständen auf der Kugel, wobei man nicht vergessen sollte, dass antipodale Punkte miteinander identifiziert werden.

5.5.2.1   Rotieren der Kugel

Mit diesem Modus wird die Kugel rotiert (nach der Projektion). Sie können die Ansicht rotieren durch Ziehen der Maus bei niedergedrückter linker Taste.

5.5.2.2   Rotation zurücknehmen

Mit dieser Aktion können Sie einen Generalreset aller Rotationen erreichen: die Kugeloberfläche geht wieder in ihre Ausgangsposition, und der sichtbare Kugelrand entspricht der Geraden im Unendlichen.

5.5.2.3   Skalierung der Kugel verändern

Mit diesem Schieber stellen Sie den Abstand zwischen Kugel und euklidischer Ebene ein. Sie können diesen Schieber dazu verwenden, die richtige Vergrößerung für die Konstruktion zu finden.

5.5.3 Hyperbolische Zeichenoberfläche (hyperbolische Ansicht)

Die hyperbolische Ansicht ist klarerweise die natürliche Ansicht für hyperbolische Geometrie. Das Arbeiten in der hyperbolischen Geometrie wird fast immer die Hauptmotivation darstellen, eine hyperbolische Ansicht zu öffnen. Die hyperbolische Ansicht stellt eine Implementierung der Poincaré'schen Kreisscheibe dar. In diesem gängigen Modell der hyperbolischen Geometrie wird die hyperbolische Ebene (bzw. der endlicher Teil) durch eine Kreisscheibe dargestellt. Jede Gerade wird durch einen Kreisbogen dargestellt, der auf dem Rand dieser Kreisscheibe senkrecht steht. Die Messung der Winkel zwischen Geraden ist konform. Das bedeutet, man kann diese Winkel durch Messung der euklidischen Winkel zwischen den Kreisbögen bestimmen. Die Abstandsmessung ist so beschaffen, dass die Elemente auf dem Rand der Kreisscheibe "unendlich weit entfernt" sind von den anderen Elementen der Kreisscheibe. Wenn Sie in irgendeine Richtung in hyperbolischen Einheitsschritten "losmarschieren", werden Sie nie den Rand erreichen. Die Schritte scheinen nämlich (bezüglich des euklidischen Maßes) immer kleiner zu werden.

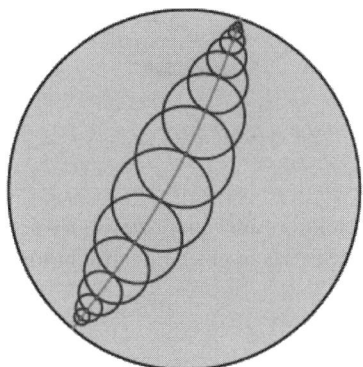

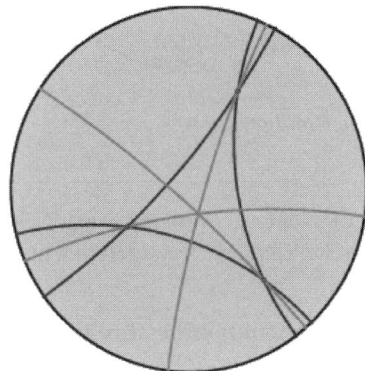

Hyperbolische Kreise
von gleicher Größe

Hyperbolische Höhen
schneiden sich in einem Punkt

5.5.4 Polare eukl. und sphär. Zeichenoberfläche (polare Ansichten)

Die Polarität ist ein wichtiger Begriff der projektiven Geometrie. Aufgrund der vollständigen Symmetrie zwischen Geraden und Punkten kann man jede Aussage über die Inzidenz von Punkten und Geraden in eine "polare Aussage" verwandeln, in der die Rollen von Punkten und Geraden vertauscht sind.

Cinderella bietet Ihnen zwei polare Ansichten zur Veranschaulichung polarer Eigenschaften. Der in *Cinderella* implementierte Polaritätsbegriff ist die Polarität bezüglich der Einheitsmatrix. Algebraisch gesprochen heißt das Folgendes: Wir verwenden die homogenen Koordinaten eines Punktes und interpretieren sie als Gerade und umgekehrt. Geometrisch findet man dafür die einfachste Interpretation in der sphärischen Ansicht: Betrachten Sie jeden Punkt als einen "Nordpol", dann ist der dazugehörige "Äquator" die polare Gerade. Umgekehrt betrachten Sie jede Gerade als "Äquator", dann ist der dazugehörige "Nordpol" der polare Punkt. Die Abbildung unten zeigt eine Konfiguration in der sphärischen Ansicht zusammen mit der dazu polaren sphärischen Ansicht.

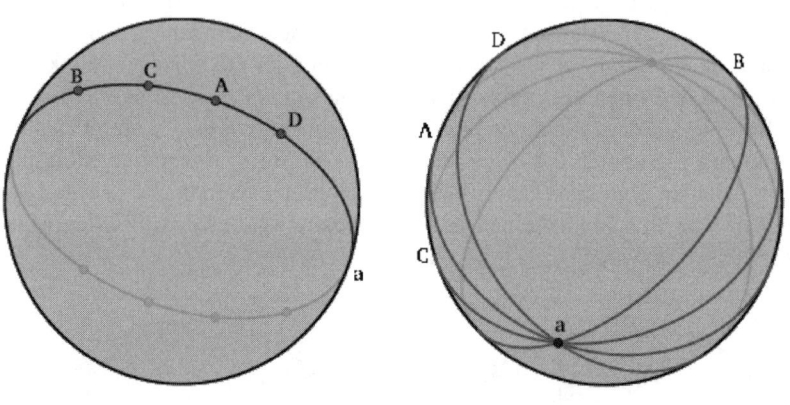

Eine Konfiguration ...   *... und die dazu polare*

Elemente der polaren Ansicht können selektiert aber nicht bewegt werden. Wenn Sie Elemente bewegen möchten, müssen Sie das in einer Erstansicht tun.

5.5.5 Konstruktionsbeschreibung

Die Konstruktionsbeschreibung ist eine Darstellung der Konstruktionsschritte in Klartext. Jedes Element der geometrischen Konstruktion wird durch eine Zeile in der Konstruktionsbeschreibung dargestellt. In jeder Zeile erscheint ein kleines Icon, mit dem das Element angedeutet wird, auf das es sich bezieht. Das Icon wird in der Größe, Farbe und Form des Elementes angezeigt. Dadurch kann man die Elemente rasch identifizieren.

Die Konstruktionsbeschreibung besteht aus vier Spalten. In der ersten Spalte werden die Icons angezeigt, in der zweiten ("Wer?") die dazugehörigen Beschriftungen, mit denen jedes Element der Konstruktion eindeutig angesprochen werden kann. Die dritte Spalte ("Was?") enthält eine kurze Erklärung, wie das Element definiert wurde, und die vierte Spalte ("Wo?") den momentanen Wert des Elements. Letzterer stellt in den meisten Fällen einfach die Lage des Elements in Bezug auf das Koordinatensystem dar. Im Menü *"Format"* können Sie einstellen, wie Lage oder Wert eines Elements angezeigt werden soll.

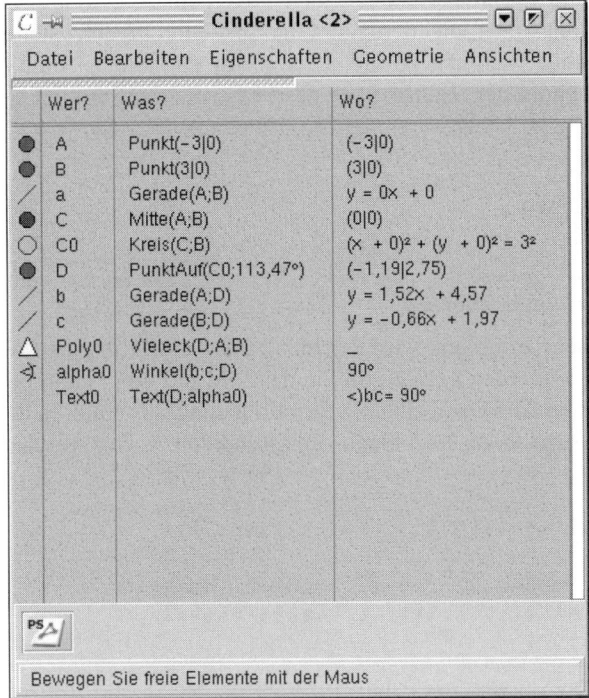

Konstruktionsbeschreibung für den Satz von Thales

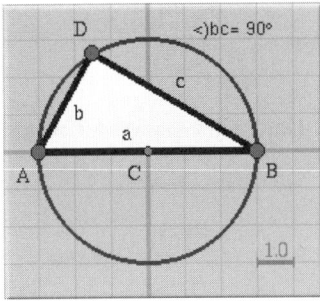

Der Satz von Thales

Die in der Konstruktionsbeschreibung auftretenden Texte sind genau die drei referenzierbaren Parameter im Modus "Beschriftung ändern/anbringen" (S. 87).

Die vier Spalten sind durch vertikale Linien voneinander getrennt. Sie können diese Linien mit der Maus selektieren, um die Spaltenbreite einzustellen. Wenn die Konstruktionsbeschreibung zu viele Zeilen für das Fenster enthält, können Sie den Rollbalken an der rechten Seite des Fensters zum Scrollen verwenden.

5.5.6 Allgemeine Funktionen

5.5.6.1 PostScript-Code erzeugen

Wenn Sie diese Schaltfläche betätigen, wird der Inhalt der Ansicht in eine Post-Script-Datei exportiert. Sie werden gefragt, ob Sie das Bild in Farbe, Grau oder Schwarz/Weiß haben wollen. Die Datei enthält einen Einleitungsabschnitt, in dem Sie das Aussehen des Ausdrucks im Nachhinein anpassen können. Der Abschnitt beginnt folgendermaßen:

```
%%%%%%%%%%%%%%%%%%%%%%%%%%%%%%%%%%%%%%%%%%%%%%%
% Drawing mode:                              %
% mode=0: color  /  mode=1: gray  /  mode=2: bw %
%%%%%%%%%%%%%%%%%%%%%%%%%%%%%%%%%%%%%%%%%%%%%%%
/mode 0 def
```

Durch eine Änderung des Flags "mode" können Sie auch später noch eine von Ihnen gewünschte Darstellung auswählen. Auch die Hintergrundfarbe kann eingestellt werden:

```
%%%%%%%%%%%%%%%%%%%%%%%%%%%%%%%%%%%%%%%%%%%%%%%
% Background color  (default white)          %
%%%%%%%%%%%%%%%%%%%%%%%%%%%%%%%%%%%%%%%%%%%%%%%
/background { 1 1 1} def
```

Die anderen Einstellungen in der PostScript-Datei sind mehr oder weniger selbsterklärende.

5.5.6.2 Euc Hyp Ell Geometrie wählen

Mit diesen Schaltflächen wählen Sie die momentane Geometrie. Alle im Folgenden konstruierten Elemente beziehen sich auf diese Geometrie. Eine detaillierte Diskussion der Geometrien finden Sie im Abschnitt "Geometrien" (S. 95) und im Kapitel "Ein Blick hinter die Kulissen" (S. 29).

5.6 Der Elementeigenschaften-Dialog

Der Elementeigenschaften-Dialog ist ein kleines Fenster, in dem Sie das graphische Aussehen von Elementen der Konstruktion steuern können. Sämtliche Änderungen beziehen sich stets auf die markierten Elemente und werden sofort in allen Ansichten angewandt.

Die Einstellungen im Elementeigenschaften-Dialog dienen auch noch einem anderen Zweck. Sie werden als Defaultwerte für neu hinzugefügte Elemente verwendet. Wenn Sie also neue Elemente hinzufügen, so haben diese ein Aussehen entsprechend den Setzungen im Elementeigenschaften-Dialog.

Folgende Attribute können Sie im Elementeigenschaften-Dialog einstellen:

- Farben der geometrischen Elemente (S. 107),
- Globale Farben des Zeichenbereichs (Hintergrund, Text und Marker) (S. 109),
- Abschneiden (S. 110),
- Beschriften (S. 111),
- Festnageln (ist ein Element beweglich oder nicht?) (S. 111),
- Überstand (S. 111),
- Größe und Dicke (S. 112),
- Sichtbarkeit (S. 113).

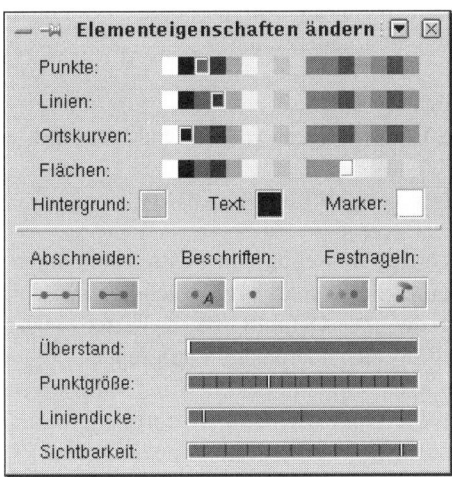

Der Elementeigenschaften-Dialog

5.6.1 Farben der geometrischen Elemente

Die geometrischen Elemente werden in vier verschiedene Gruppen unterteilt, nach denen sich auch die Farbgebung richtet:

- Punkte
- Geraden (inklusive Kegelschnitte und Kreise)
- Ortskurven
- Flächen

Für jede dieser Gruppen gibt es im Elementeigenschaften-Dialog eine Palette von 16 verschiedenen Defaultfarben:

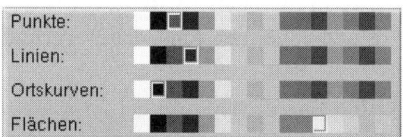

Farbpaletten für die Elemente

In jeder Palette ist ein Eintrag markiert, der die momentanten Defaultfarbe für diese Gruppe darstellt. Sie können diese Markierung durch Klicken auf einen anderen Eintrag ändern. Wenn Sie also die Farbe eines Punktes von Rot auf Grün ändern wollen, müssen Sie folgendes tun:

- Markieren Sie den Punkt.
- Öffnen Sie den Elementeigenschaften-Dialog (sofern er nicht schon offen ist).
- Klicken Sie auf das grüne Kästchen in der Palette mit dem Namen "Punkte".

Sie können auch das Aussehen von mehreren Punkten auf einmal ändern, indem Sie mehr als einen Punkt markieren. Nachdem Ihre Änderung durchgeführt wurde, ist Grün auch die neue Defaultfarbe für weiter hinzugefügte Punkte. Eine ähnliche Prozedur gilt für die anderen drei Farbgruppen.

Es kann passieren, dass Sie mit der von *Cinderella* angebotenen Farbauswahl nicht zufrieden sind. Sie können einen Farbwert ändern, indem Sie auf das entsprechende Kästchen in der Farbpalette doppelklicken. Es erscheint dann ein kleines Farbauswahl-Fenster, in dem Sie die Rot-Grün-Blau-Werte der Farbe anpassen können.

Farbauswahl-Fenster   *Globale Farbeinstellungen*

Es ist dabei zu beachten, dass durch die Änderung eines Eintrags der Farbpalette *die Farbe von allen damit assoziierten geometrischen Elementen geändert wird.*

In der momentanen Version von **Cinderella** wird die Farbpalette nicht mit der Konfiguration in der ".cdy" Datei abgespeichert.

5.6.2 Globale Farben des Zeichenbereichs

Es gibt im Elementeigenschaften-Dialog noch drei weitere Einträge zur Steuerung der Farben.

Diese Einträge beziehen sich auf die globale Farben des Zeichenbereichs.

- *Hintergrund:* Das ist die Hintergrundfarbe für alle Ansichten.
- *Text:* Diese Farbe wird für Beschriftungen (insbesondere Elementbeschriftungen) verwendet. Außerdem wird auch der Rand von Punkten in dieser Farbe dargestellt.
- *Marker:* Das ist die Farbe des Markers (sozusagen der Zeichenstift zum Hervorheben von Elementen).

Diese Einstellungen beziehen sich auf sämtliche Ansichten. Sie sollten daher sicherstellen, dass diese drei Farben klar voneinander unterscheidbar sind.

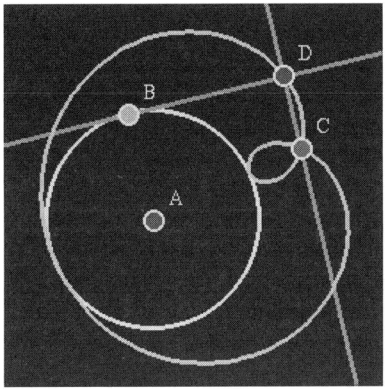

Beispiel einer individuellen Farbpalette

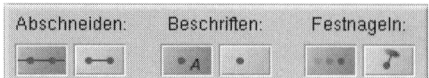

Die Optionen "Abschneiden", "Beschriftung" und "Festnageln"

5.6.3 Abschneiden

Sie können festlegen, ob eine Gerade "abgeschnitten" erscheint oder nicht. Zu diesem Zweck bietet Ihnen der Elementeigenschaften-Dialog zwei Schaltflächen, mit denen Sie das Abschneiden ein- und ausschalten können.

Nicht abgeschnittene Geraden werden über die volle Breite der Ansicht gezeichnet. Eine abgeschnittene Gerade dagegen wird hinsichtlich der auf ihr liegenden Punkte abgetrennt. Die Regeln der dahinterstehenden Abschneidelogik sind ein bisschen verwickelt, aber sie führen zu einem sehr natürlichen Verhalten:

• Ein "Abschneidepunkt" (also ein Punkt, an dem eine Gerade abgeschnitten werden darf) muss einige Eigenschaften erfüllen: Er muss natürlich einmal auf der Geraden liegen und darf außerdem nicht gänzlich unsichtbar sein oder im Unendlichen liegen. (Sie können trotzdem scheinbar unsichtbare Abschneidepunkte erzeugen, indem Sie die Größe (S. 112) des Punktes auf Null setzen.)

• Sämtliche Abschneidepunkte einer Geraden werden für das tatsächliche Abschneiden in Betracht gezogen.

• Wenn die Gerade zumindest zwei Abschneidepunkte hat, wird der Abschnitt der Geraden gezeichnet, der zwischen dem ersten und letzten Abschneidepunkt liegt.

• Wenn es weniger als zwei Abschneidepunkte gibt, wird die Gerade nicht abgeschnitten.

Die obigen Regeln bewirken, dass

• zumindest ein kleiner Abschnitt der Geraden immer angezeigt wird

• und dass alle auf der Geraden liegenden sichtbaren Punkte auf diesem Abschnitt sind.

Genau das sollte man von geometrischen Zeichnungen erwarten. Die Frage, ob ein Punkt (immer) auf einer Geraden liegt, wird mit dem automatischen Sätzeprüfer von *Cinderella* entschieden. Dadurch wird ein korrektes und mathematisch konsistentes Verhalten sichergestellt.

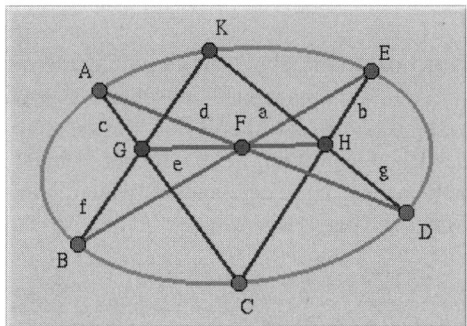

Der Satz von Pascal mit Abschneiden

5.6.4 Beschriften

Für jedes geometrische Element gibt es ein Flag, das angibt, ob seine Beschriftung angezeigt wird oder nicht. Sie steuern das mit der Option "Beschriften".

Elementbeschriftungen werden zur Zeit nur bei Punkten und Geraden angebracht. Wenn Sie Kegelschnitte oder Ortskurven beschriften möchten, können Sie einen Punkt mit Größe (S. 112) Null in die Nähe setzen. Dieser Punkt dient dann als Träger für die Beschriftung.

5.6.5 Festnageln

Das Festnageln eines Elements betrifft ausnahmsweise sein Verhalten, nicht sein Aussehen. Wenn ein bewegliches Element (z.B. ein freier Punkt) "festgenagelt" wird, ist es nicht mehr frei beweglich.

Diese Funktion ist nötig, um die Freiheit eines Elementes in einer Zeichnung einzuschränken. Das kann beim Erstellen von Übungsaufgaben sehr nützlich sein.

Die folgenden Elementtypen sind beweglich und können daher festgenagelt werden:

- freie Punkte,
- Punkte auf einer Geraden,
- Punkte auf einem Kreis,
- Geraden durch einen Punkt,
- Kreise um einen Punkt und
- Texte.

5.6.6 Überstand

Es ist oft unerwünscht, dass eine abgeschnittene Gerade direkt an den beiden Abschneidepunkten endet. Es schaut viel hübscher aus, wenn die Geraden ein bisschen einen Überstand haben und damit den weiteren Verlauf andeuten. Sie können die Größe des Überstandes mit dem Schieber "Überstand" einstellen. Die Position des Schiebers variiert den Überstand an beiden Seiten zwischen 0% und 50% der gesamten Streckenlänge (zwischen den beiden Abschneidepunkten).

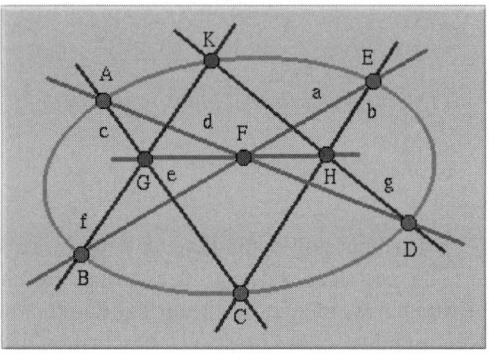

Der Satz von Pascal mit Abschneiden und Überstand

5.6.7 Größe und Dicke

Es gibt zwei Schieber im Elementeigenschaften-Dialog, mit denen Sie die Größe bzw. Dicke von Objekten einstellen können. Einer dieser Schieber steuert die Punktgröße.

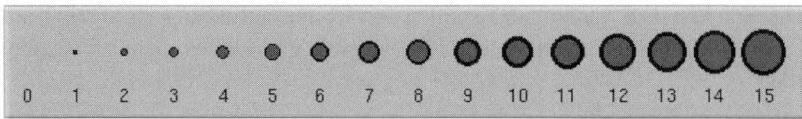

Mögliche Punktgrößen

Punkte der Größe Null sind äußerst nützliche Objekte. Sie sind unsichtbar aber trotzdem auswählbar und beweglich, und sie können als Abschneidepunkte zum Abschneiden von Geraden fungieren. Darum sind sie idealen Elemente zum Erzeugen von Geraden, die man durch Ziehen der Endpunkte bewegen kann. Sie müssen also keine unnötigen "Dekorationen" in Form von sichtbaren Punkten hinzufügen.

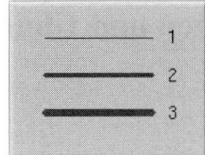

Mögliche Liniendicken

Der andere Schieber steuert die Liniendicke (zwischen 1 und 3) von Elementen wie Geraden, Kreisen, Kegelschnitten und Ortskurven.

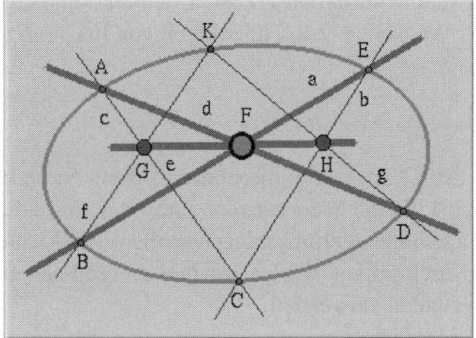

Der Satz von Pascal mit verschieden dicken Punkten und Geraden

5.6.8 Sichtbarkeit

Es gibt im Elementeigenschaften-Dialog einen Schieber zum Einstellen der Sichtbarkeit von Elementen. Die Sichtbarkeit kann von völlig unsichtbar ("durchscheinende Elemente") bis völlig sichtbar ("massive Elemente") variieren.

Sichtbarkeitsgrade

Völlig unsichtbare Elemente sind gut geeignet für Hilfskonstruktionen, die den Rest der Zeichnung nicht stören sollen. Schwach sichtbare Elemente können für weniger wichtige Teile der Konstruktion verwendet werden. Um als aktives (also auswählbares und bewegliches) Objekt der Ansicht verwendbar zu sein, muss ein Element zu mindestens 20% sichtbar sein. Unsichtbare Elemente können Sie in der Konstruktionsbeschreibung (S. 104) selektieren. Sie können allerdings nicht zum Abschneiden von Geraden verwenden.

6 Interaktive Webseiten und Übungsaufgaben

Das Zusammenstellen von interaktiven Webseiten gehört sicher zu den spannendsten Möglichkeiten von *Cinderella*. Sie können jede Konstruktion, sogar solche mit mehreren Ansichten, in Sekundenschnelle exportieren, und das ohne wesentliche HTML-Kenntnisse.

In diesem Kapitel werden alle drei Exportmöglichkeiten beschrieben: Einfache Beispiele, Animationen und Übungsaufgaben. Sie finden hier auch detaillierte Informationen über den exportierten HTML-Code und eine kurze Anleitung zum Nachbearbeiten von Webseiten (z.B. Hinzufügen von Erklärungstext).

6.1 Glossar

Sie können diesen Abschnitt ruhig überblättern, wenn Sie mit dem technischen Hintergrund des World Wide Web vertraut sind oder sich an dieser Stelle nicht mit technischen Einzelheiten herumschlagen wollen. Als kleine Hilfestellung für die anschließende Beschreibung wollen wir hier einige Fachausdrücke erläutern, die wir dann im Folgenden verwenden.

HTML ist die Seitenbeschreibungssprache (also das "Format") von Webseiten. Diese können zwar mit einem normalen Texteditor angelegt und bearbeitet werden, aber die Verwendung von speziellen HTML-Editoren ist natürlich viel bequemer. Sie können den HTML-Code einer Seite in Ihrem Webbrowser über den Menüpunkt "Ansicht/Seiten-Quelltext" bzw. "View/Page Source" (oder Ähnliches) betrachten.

Der HTML-Code besteht hauptsächlich aus dem darzustellenden Text, angereichert durch sogenannte *Tags*, die das Aussehen und die Struktur dieses Textes beschreiben. Hier ein Beispiel:

```
<p>In diesem Absatz haben wir ein paar <b>fette Wörter</b>
und ein paar <i>kursive Wörter</i>.</p>
<p>Dieses Bild <img src="pappos.gif"> wurde mit
<a href="http://www.cinderella.de">Cinderella</a> erzeugt!</p>
```

In diesem Fragment werden zwei Absätze, bezeichnet mit `<p>...</p>`, beschrieben. Der erste Absatz enthält zwei Bereiche, die mit einer speziellen Schriftart gesetzt werden sollen: der erste in Fettdruck, bezeichnet mit `<b>...</b>`, der zweite in Kursivdruck, bezeichnet mit `<i>...</i>`. Sie sehen bereits hier die einfache Struktur von HTML: die meisten *Elemente* werden durch öffnende Tags (`<irgendwas>`) und schließende Tags (`</irgendwas>`) eingeschlossen.

Der zweite Absatz in unserem Beispiel zeigt, wie man Bilder mit Hilfe des Tags `<img>` einbindet. Dieses Tag hat kein schließendes Gegenstück, aber es benutzt eine Option (`src=...`), um die Bilddatei anzusprechen. Sie finden in diesem Beispiel auch einen *Hyperlink*, das mächtigste Element in HTML. Sie geben eine Lokation an (in den meisten Fällen eine WWW-Adresse oder eine Datei auf Ihrer Festplatte), die dann durch Klicken auf den von `<a>...</a>` eingeschlossenen Text erreicht werden kann.

Hyperlinks werden meist in Form eines *URL* (uniform resource locator) angegeben. Ein URL beschreibt Ressourcen durch die Protokolle, mit denen sie erreicht werden. Im Fall des World Wide Web ist dies meistens das *Hypertext Transfer Protocol*, kurz "http". Das ist der Grund für den "http:" Teil von WWW-Adressen, den man aber auch weglassen kann, da die meisten Webbrowser http ohnehin als Defaultprotokoll verwenden. Weitere Beispiele für Protokolle sind "ftp", das *File Transfer Protocol* oder "file", um Dateien auf der lokalen Festplatte zu beschreiben.

Für die Java-Integration in Webseiten ist ein spezielles Tag reserviert. Sobald ein Java-fähiger Browser das Tag `<applet>` vorfindet, versucht er das in der Option `code` genannte Javaprogramm zu laden und innerhalb einer Box (auf der Webseite) zu starten. Die Größe dieser Box wird durch die Optionen `width` und `height` festgelegt. Integrierte Programme dieser Art werden *Applets* genannt, im Gegensatz zu eigenständigen Applikationen. Die Verkleinerungsform im Englischen (applet = kleiner Apfel, Äpfelchen; gleichzeitig Wortspiel mit appl-ication) ist etwas irreführend, denn Applets können ebenso mächtig wie eigenständige Applikationen sein.

Das Applet-Tag kann auch eine Option `archive` enthalten, um die Lokation des Java-Codes zu beschreiben. Für **Cinderella** stellen wir ein Archiv mit dem Namen `cindyrun.jar` zur Verfügung. Darin ist der gesamte für das Anzeigen und Bearbeiten von Konstruktionen nötige Code enthalten. Hier ein Beispiel, wie ein von **Cinderellas** Exportfunktionen produziertes Applet-Tag ausschauen könnte:

```
<applet code    = "de.cinderella.CindyApplet"
        archive = "cindyrun.jar"
        width   = 435
        height  = 231>
<param...
</applet>
```

Sie werden etliche `<param>`-Tags vorfinden, die zusätzliche Parameter wie den Dateinamen der Konstruktion an das Applet übergeben. Sie sollten diese Parameter auf keinen Fall ändern oder löschen, wenn Sie nicht genau wissen, was Sie bedeuten.

6.2 Das Exportieren von einfachen Beispielen

Das ist die einfachste Möglichkeit, mit *Cinderella* eine Webseite zu erzeugen. Wann immer Sie eine Konfiguration erzeugt haben, können Sie die Schaltfläche betätigen, um eine interaktive Webseite mit dieser Konstruktion zu erzeugen. Es werden dabei alle Ansichten, die Sie gerade benutzen, in einem separaten Applet exportiert; diese Applets kommunizieren miteinander mit Hilfe eines Kernel-IDs, der jedem Applet als Parameter übergeben wird.

Die Konstruktion selbst wird nicht im HTML-Code gespeichert, sondern in einer eigenen Datei mit der Erweiterung ".cdy". Sie werden jedesmal bei Erzeugen einer Webseite aufgefordert Ihre Konstruktion abzuspeichern, sofern dies nicht bereits geschehen ist. Das Applet erwartet die Datei in demselben Verzeichnis wie die HTML-Datei der Webseite.

Als Nächstes werden Sie nach einem Dateinamen für die Webseite gefragt. Dieser sollte in ".html" oder ".htm" enden, je nach Ihren lokalen Standards. Wenn Sie keine dieser Erweiterungen angeben, wird *Cinderella* ".html" als Default annehmen. Der WWW-Export ist damit abgeschlossen, und Sie sollten das Resultat in jedem Java-1.1-kompatiblen Webbrowser betrachten können, nachdem Sie die Laufzeitbibliothek in das Export-Verzeichnis kopiert haben.

Genauer gesagt: Das Applet erwartet eine Datei mit dem Namen "cindyrun.jar" in demselben Verzeichnis. Diese Datei enthält den nötigen Code zum Anzeigen und Bearbeiten von Konstruktionen. Sie finden diese Datei im Installationsverzeichnis und müssen sie in das Verzeichnis mit der interaktiven Webseite kopieren. Weitere Hinweise finden Sie im Abschnitt *Nachbearbeiten des HTML-Codes* (S. 125).

Wenn Sie irgendwelche Probleme haben, überprüfen Sie bitte unbedingt die folgenden Punkte:

1. Die Datei mit der Erweiterung ".htm" oder ".html" existiert und ist lesbar.

2. Die im Abschnitt <param name=...> der HTML-Datei angesprochene Datei existiert und ist lesbar (man sollte sie mit *Cinderella* laden können).

3. Die Datei "cindyrun.jar" ist in demselben Verzeichnis wie die beiden obigen Dateien vorhanden und wird in der Option "archive" des Applet-Tags angesprochen.

4. Sie verwenden einen Java-1.1-kompatiblen Browser. Wir empfehlen die Verwendung von Netscape (Version 4.08 oder 4.5) oder Internet Explorer (Version 4.0 oder höher), aber aufgrund der raschen Veränderungen am Browsermarkt sind diese Empfehlungen wohl nur für eine beschränkte Zeit aktuell. Sie können auf der *Cinderella*-Homepage eine Liste von empfohlenen Browsern durchsehen. Ihre Installations-CD enthält eine aktuelle Version von Netscape, aber beachten Sie bitte, dass weder der Springer-Verlag noch die *Cinderella*-Autoren für dieses Drittersteller-Programm Support leisten können. Schauen Sie bitte auf die Netscape-Homepage, wenn Sie detaillierte

Informationen über diesen Browser benötigen.

Die exportierte Konstruktion ist stets im Zugmodus, sodass Sie die beweglichen Elemente innerhalb der Applet-Box hin und her ziehen können. Wenn Sie die Beweglichkeit einiger Elemente blockieren wollen, benützen Sie bitte die Option "Festnageln" im Elementeigenschaften-Dialog (S. 107).

6.3 Das Exportieren von Animationen

Das Exportieren von automatischen Animationen funktioniert ähnlich und ist ebenso einfach wie das Exportieren von gewöhnlichen Konstruktionen. Starten Sie die gewünschte Animation durch Betätigen der Schaltfläche Automatische Animation (S. 91) und stellen Sie mit dem Schieber eine passende Geschwindigkeit ein. Verwenden Sie dann die Export-Schaltfläche im Steuerfenster des Animationsmodus. Es gelten nach wie vor alle Regeln für das Exportieren von interaktiven Webseiten: Sie benötigen drei Dateien für ein erfolgreiches Laden der Animation im Browser: die Webseite (.html), die Konstruktion (.cdy) und die Laufzeitbibliothek (cindyrun.jar).

Wenn Sie Animationen exportieren, beachten Sie bitte, dass die potentiellen Besucher Ihrer Webseite langsamere Computer als Sie haben könnten. Sie sollten daher die Animationsgeschwindigkeit entsprechend anpassen.

6.4 Das Erstellen von interaktiven Übungsaufgaben

Sie können *Cinderella* zum Erstellen von interaktiven Übungsaufgaben für Schüler verwenden. Das Designen von guten Übungsbeispielen ist allerdings um einiges komplizierter als das Erzeugen von interaktiven Konstruktionen. Das Exportieren selbst ist einfach, aber um pädagogisch wertvolle Übungsaufgaben erstellen zu können, braucht es schon ein wenig Erfahrung mit Geometrie und *Cinderella* und auch etwas Unterrichtspraxis.

Für eine vollständige Übungsaufgabe sind drei Hauptschritte nötig: Die Konstruktion selbst, die Definition von Start-, Hinweis- und Lösungselementen sowie das eigentliche Exportieren.

6.4.1 Konstruktion der Übungsaufgabe

Sie können eine Übungsaufgabe nur erstellen, wenn Sie zuerst von Ihnen selber gelöst wurde. Das ist natürlich nur fair so, aber es hat auch noch einen wichtigeren technischen Grund: *Cinderella* benützt Ihre Konstruktion, um die Korrektheit der Schülerlösungen zu überprüfen.

Bevor Sie also eine Übungsaufgabe definieren können, müssen Sie eine Beispielskonstruktion durchführen. Wir werden in diesem Kapitel ein leichtes Beispiel verwenden, die Konstruktion des Mittelpunktes: Gegeben sind zwei Punkte

A und *B*, gesucht ist ihr Mittelpunkt, erlaubt ist nur die Verwendung von Zirkel (Kreise) und Lineal (Geraden). Diese Aufgabe kann folgendermaßen gelöst werden:

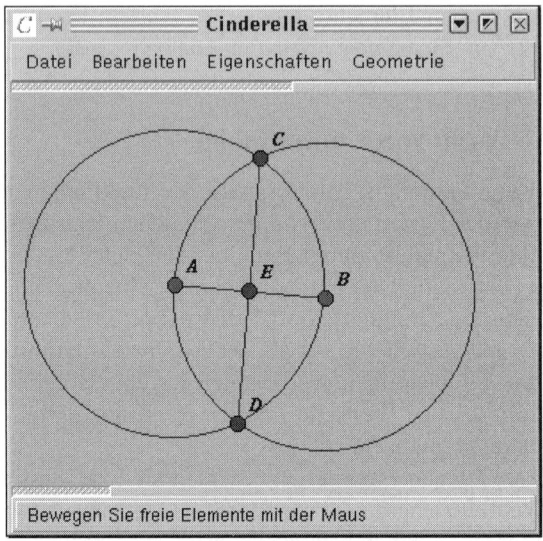

6.4.2 Bearbeiten der Übungsaufgabe

6.4.2.1 Definition der Startelemente

Wenn Sie mit der Beispielskonstruktion fertig sind, öffnen Sie den Aufgaben-Dialog durch Betätigen der Schaltfläche ![Symbol] in der Werkzeugleiste oder durch Anwählen des Menüpunktes "Übungsaufgabe erstellen" im Menü "Datei". Öffnen Sie als Nächstes den Eingaben-Dialog durch einen Doppelklick auf den Eintrag "Aufgabenstellung". Sie haben jetzt drei Fenster auf Ihrem Desktop.

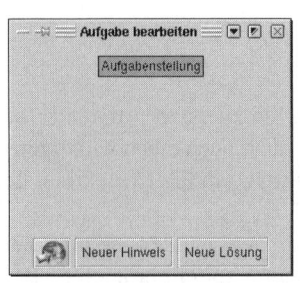

Aufgaben-Dialog

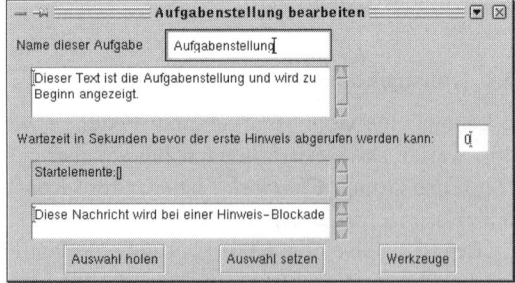

Eingaben-Dialog

Ändern Sie nun die Texteinträge im Eingaben-Dialog. Der Name der Übungsaufgabe wird nur für Referenzzwecke verwendet; er taucht in der endgültigen Aufgabe nicht auf. Wir wollen ihn trotzdem in "Mittelpunkt" umändern. Der Text unterhalb des Namensfeldes im Eingaben-Dialog wird den Schülern als Aufgabentext vorgelegt. Geben Sie hier also eine geeignete Beschreibung der Aufgabenstellung ein (nachdem Sie den Defaulttext gelöscht haben).

Wir werden später noch Hinweise definieren, welche die Schüler zu einer korrekten Lösung hinführen sollen. Wenn Sie die Hinweise für eine gewisse Zeit nach Erscheinen der Aufgabenstellung blockiert haben wollen, geben Sie die gewünschte Wartezeit in Sekunden in das entsprechende Feld ein. Sie sollten in diesem Fall auch die Meldung im letzten Feld anpassen, da diese angezeigt wird, falls ein Hinweis vor Ablaufen der Wartezeit angefordert wird. Der Text $s wird dabei ersetzt durch die Anzahl von Sekunden bis zum nächsten verfügbaren Hinweis.

Nach diesen Änderungen sollte der Eingaben-Dialog in etwa so aussehen:

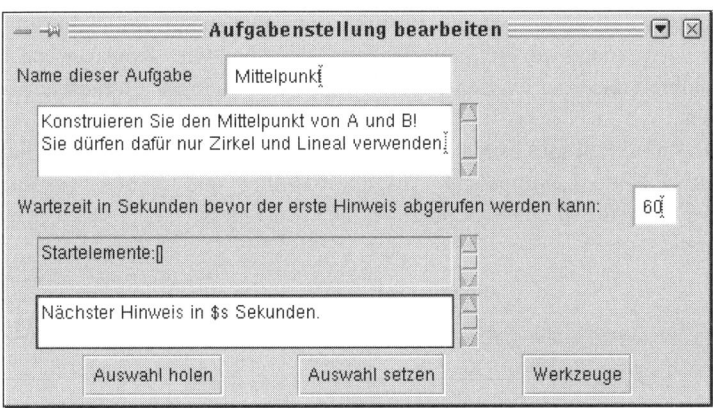

Sie haben bis jetzt noch keine Startelemente für die Konstruktion definiert. Da die Schüler mit den Punkten *A* und *B* starten sollen, markieren Sie diese Punkte im Hauptfenster der Konstruktion. Benutzen Sie dazu den Auswahlmodus

. Dann definieren Sie die Startelemente durch Betätigen der Schaltfläche "Auswahl holen" im Eingaben-Dialog. Die Punkte "A" und "B" werden als als Startelemente angezeigt.

Sie haben jetzt alle nötigen Eingaben für die Aufgabe definiert, nur die Hinweise und die Lösung fehlen noch. Wenn Sie möchten, können Sie den Eingaben-Dialog nun schließen.

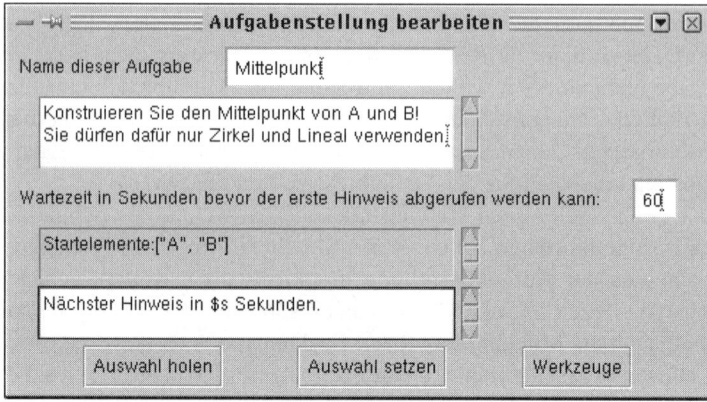

6.4.2.2 Definition der Lösungselemente

Als Nächstes definieren wir die Lösung, die dann später zum Überprüfen der Aufgabe verwendet wird. Bei mehrdeutigen Aufgaben wie "Konstruieren Sie eine Winkelhalbierende der Geraden *g* und *h*" kann man mehrere alternative Lösungen definieren.

In unserem Fall gibt es nur eine Lösung, eben den Mittelpunkt *E*. Klicken Sie zucrst auf "Ncuc Lösung" im Aufgabcn-Dialog und öffnen Sie dann den Lösungs-Dialog durch einen Doppelklick auf "Lösung Nr. 1".

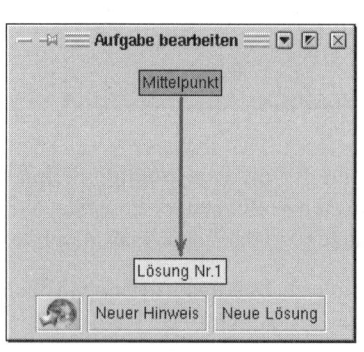

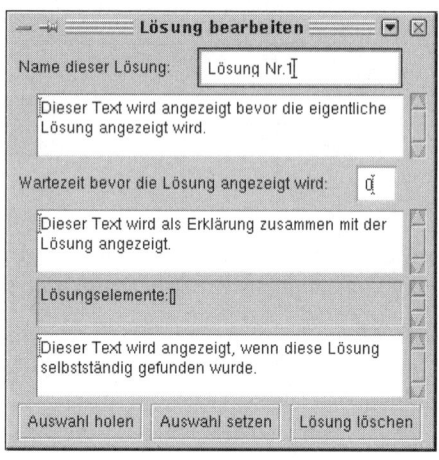

Aufgaben-Dialog   Lösungs-Dialog

Das erste Textfeld im Lösungs-Dialog kann einen Text enthalten, der bei Anforderung eines Hinweises angezeigt wird. Wenn Sie keinen Hinweistext wünschen, sollten Sie den hier enthaltenen Text löschen, ansonsten ersetzen Sie ihn bitte mit einer passenden Meldung. Wir werden den Text ersetzen, sobald wir zusätzliche Hinweise definiert haben. Löschen Sie den Text einstweilen.

Das zweite Textfeld enthält die Meldung, die dem Schüler zusammen mit der Lösung gezeigt wird. Sie sollte die Situation beschreiben, die Sie als Musterlösung präsentieren.

Das letzte Textfeld wird für die Meldung verwendet, die der Schüler bei Fertigstellung der Übungsaufgabe bekommt. Sie sollten hier eine freundliche und ermutigende Meldung hineinschreiben!

Wir müssen noch die Lösungselemente selbst definieren. Wie schon oben erwähnt, ist dies in unserem Fall nur *E*. Markieren Sie diesen Punkt und betätigen Sie die Schaltfläche "Auswahl holen". Der Punkt sollte nun als Lösungselement im Lösungs-Dialog angezeigt werden.

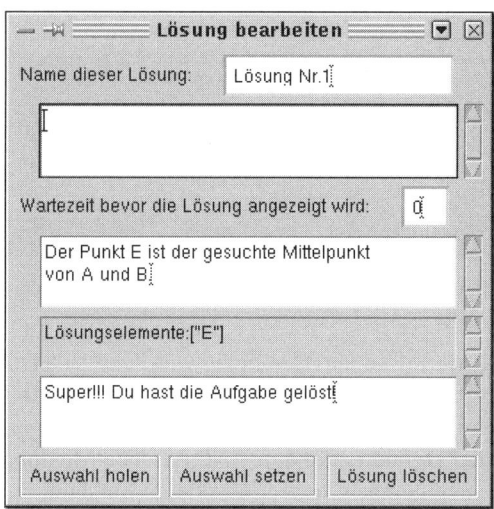

Wenn es mehrere Lösungen für die Aufgabe gibt, könnten wir eine weitere Lösung hinzufügen, die dann vom automatischen Sätzeprüfer ebenso wie die erste akzeptiert würde. Wenn der Schüler Hinweise anfordert, wird nur die erste Lösung verwendet. Ein Beispiel für eine Aufgabe mit mehreren Lösungen ist: "Konstruieren Sie ein gleichseitiges Dreieck über der Strecke AB." Es gibt hier ein Dreieck oberhalb und ein Dreieck unterhalb der gegebenen Strecke.

6.4.2.3 Definition der Hinweiselemente

Wir könnten die Übungsaufgabe jetzt schon exportieren. Wir wollen aber auch noch ein paar Hinweise für die Schüler definieren.

Ein wichtiger Schritt für die Konstruktion des Mittelpunktes sind die beiden Kreise, denn die Verbindungsgerade ihrer Schnittpunkte geht durch den gesuchten Mittelpunkt. Wir wollen dazu einen Hinweis einbauen. Fügen Sie den Hinweis durch Betätigen der Schaltfläche "Neuer Hinweis" im Aufgaben-Dialog hinzu und öffnen Sie dann den Hinweis-Dialog mit einem Doppelklick auf den Eintrag "Hinweis Nr. 1".

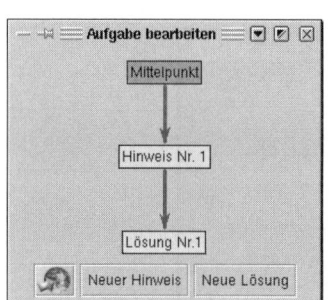

Aufgaben-Dialog

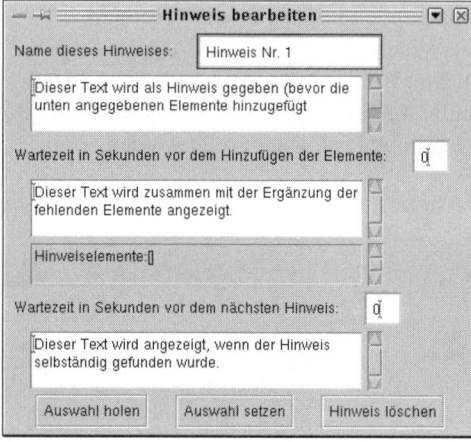

Hinweis-Dialog

Hinweise sind wie Lösungen. Der einzig wirkliche Unterschied ist eigentlich nur, dass die Aufgabe nicht als gelöst betrachtet wird, wenn ein Hinweis gefunden oder angefordert wird.

Ersetzen Sie den Defaulttext durch eine passende Meldung, ähnlich wie Sie es auch bei der Lösung gemacht haben. Markieren Sie dann die zwei Kreise und klicken Sie auf die Schaltfläche "Auswahl holen". Der Hinweis-Dialog sollte jetzt ungefähr wie unten dargestellt aussehen.

Der erste Text wird angezeigt, wenn der erste Hinweis angefordert wird. Wenn der Schüler dann noch einen Hinweis anfordert, werden die beiden Kreise konstruiert, allerdings frühestens 30 Sekunden nach dem ersten Hinweis.

Sie könnten noch weitere Hinweise hinzufügen, indem Sie noch einmal die Schaltfläche "Neuer Hinweis" betätigen. Für unser Beispiel sollte der eine Hinweis aber genügen.

6.4.2.4 Definition der Werkzeuge

Sie haben bis jetzt noch nicht die verfügbaren Werkzeuge für diese Übungsaufgabe definiert. In diesem Fall wird folgende Defaultauswahl getroffen: "Punkt hinzufügen", "Zwei Punkte mit Verbindungsgerade", "Zirkel benutzen", "Elemente bewegen", "Letzte Operation rückgängig machen", "Hinweis geben", "Aufgabe neu starten".

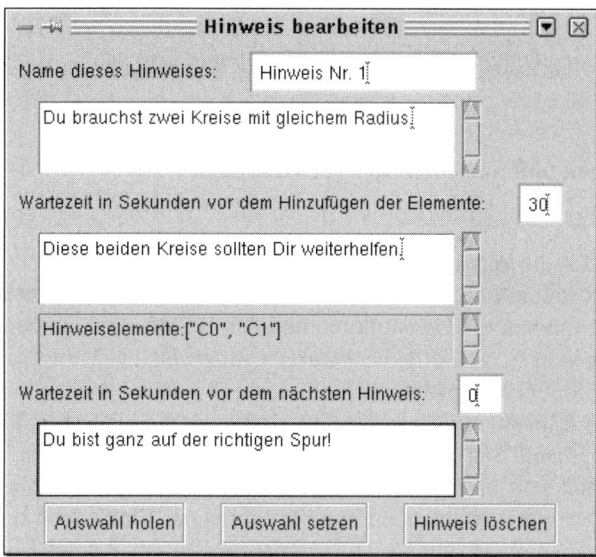

Wenn Sie weitere Werkzeuge hinzufügen oder einige der oben erwähnten entfernen wollen, betätigen Sie die Schaltfläche "Werkzeuge" im Eingaben-Dialog. Um ein Werkzeug hinzuzufügen/zu entfernen, klicken Sie auf die entsprechende Schaltfläche in der oberen/unteren Hälfte des Werkzeug-Dialogs. In der unteren Hälfte sehen Sie die Werkzeuge, die für die Übungsaufgabe verfügbar sein werden.

Werkzeug-Dialog

In unserem Beispiel können Sie etwa den Zirkel durch den Modus "Kreis um einen Punkt" ersetzen; Sie können die Werkzeuge aber auch so lassen, wie sie sind.

6.4.3 Erzeugen und Speichern der HTML-Datei

Wenn Sie mit der Übungsaufgabe zufrieden sind, können Sie den entsprechenden HTML-Code für die Webseite mit der Schaltfläche erzeugen.

Das Exportieren funktioniert ähnlich wie bei einfachen Beispielen oder Animationen. Sie müssen die Konstruktion und den HTML-Code in demselben Verzeichnis abspeichern. Außerdem erwartet *Cinderella* auch die Datei cindy-run.jar in diesem Verzeichnis.

Vor dem Exportieren führt die Software ein paar Sicherheitschecks durch, etwa ob es überhaupt Start- und Lösungselemente gibt.

Abgesehen von den momentan geöffneten Ports gibt es hier noch zwei weitere Applets: ein Konsolenfeld zum Anzeigen der Meldungen und eine Kontrollleiste mit den Werkzeugen. Die Abmessungen der Applet-Boxen sind für jeden Export gleich, können aber bei Bedarf später im HTML-Code direkt bearbeitet werden. Lesen Sie dazu bitte den Abschnitt "Nachbearbeiten des HTML-Codes" (S. 125) weiter unten.

6.4.4 Ausprobieren der Übungsaufgabe

Nachdem Sie die Aufgabe exportiert haben, können Sie die HTML-Datei in Ihrem Webbrowser betrachten. Probieren Sie dabei die gesamte Übungsaufgabe aus und achten Sie vor allem darauf, dass die Hinweise und Lösungen plausibel sind.

Wenn Sie die Texte oder Elemente der Übungsaufgabe noch einmal bearbeiten möchten, laden Sie die dazugehörige .cdy Datei und verwenden Sie den Aufgaben-Dialog. Alle Aufgabendaten werden in der .cdy Datei gespeichert und können auch später wieder bearbeitet werden.

6.4.5 Überlegungen zum Design

1. *Cinderella* ist zwar gut beim Beweisen, aber nicht gut beim Raten. Ihre Lösungen sollten daher wohldefiniert sein - sie sollten nur von den Startelementen der Aufgabe abhängen. Wir haben versucht, eine "Rateheuristik" zur Handhabung freier Hilfselemente zu implementieren, aber diese Heuristik funktioniert nicht immer. Dazu ein Beispiel: Wenn Sie einen Punkt *P* auf einem Kreis *C0* in Ihrer Lösung verwenden, dann sucht *Cinderella* nach Punkten auf diesem Kreis und betrachtet den ersten solchen als den Punkt *P*. Wenn Sie aber zwei Punkte auf *C0* in verschiedener Weise verwenden, dann hat *Cinderella* keine Chance, die richtige Zuordnung zwischen den beiden Punkten des Schülers und den beiden Punkten der Lösung zu finden und trifft

daher eine willkürliche Wahl. Diese Heuristik funktioniert zwar in den meisten Fällen recht gut, aber Sie sollten diese Problematik in Erinnerung behalten: Wenn *Cinderella* irgendwo beim Checken von Lösungen unerwartete Ergebnisse liefert: der Grund dafür könnte die Rateheuristik sein.

2. Geben Sie präzise Aufgabenstellungen, in denen die von Ihnen erwünschte Lösung klar festgelegt ist. Definieren Sie alle zulässigen Lösungen.

3. Markieren Sie nur die unbedingt nötigen Elemente. In dem Mittelpunkt-Beispiel von vorhin ist der Punkt *E* ausreichend, um die Lösung zu beschreiben. Wenn Sie auch die Geraden *a* und *b* markieren (in der Meinung, sie seien für die Lösung nötig), nehmen Sie dem Schüler die Chance auf einen anderen Lösungsweg. Der Screenshot zeigt eine solche Möglichkeit, in der die Geraden *a* und *b* nicht verwendet werden.

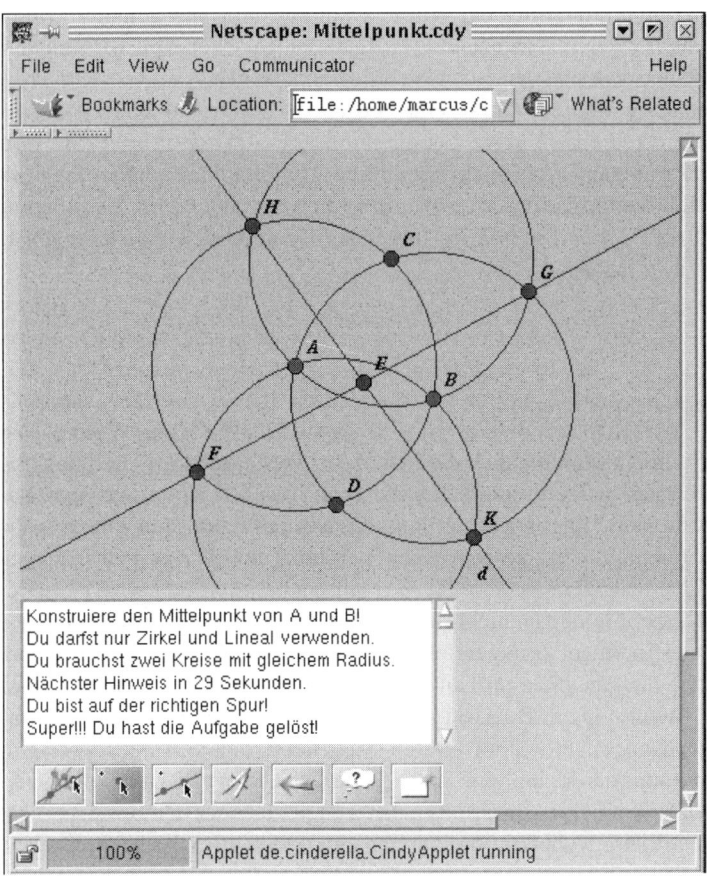

6.5 Nachbearbeiten des HTML-Codes

Die Webseite mit Ihrer Konstruktion oder Ihrer Übungsaufgabe ist sehr elementar gehalten. *Cinderella* will schließlich kein Ersatz sein für einen vollblütigen Webeditor. Sie können zur Nachbearbeitung der HTML-Dateien einen beliebigen Webeditor verwenden.

Die Parameter "width" und "height" der Applets können bei Bedarf geändert werden. Das betrifft besonders die Aufgabenkonsole und die Werkzeugleiste, da ihre Abmessungen von *Cinderella* fixiert sind. Die Abmessungen der Ansichten sollten allerdings schon vor dem Exportieren der Konstruktion richtig eingestellt werden, da dies weit leichter als eine nachträgliche Änderung ist.

Verändern Sie niemals den Parameter "kernelID" des Applets, da dieser für die Kommunikation zwischen den verschiedenen Applets entscheidend ist. Reihenfolge und Platzierung der Applets können beliebig geändert werden. Sie können auch zwei verschiedene HTML-Seiten mischen, um verschiedene Konstruktionen auf ein und derselben Webseite anzuzeigen.

Wenn Sie mehrere *Cinderella*-betriebene Seiten auf Ihrer Website haben, genügt für diese eine einzige Laufzeitbibliothek `cindyrun.jar`. Sie müssen dann die Parameter "archive" in allen Ihren Applets so abändern, dass überall Ihre zentrale Laufzeitbibliothek `cindyrun.jar` verwendet wird. Es sollte dazu ausreichend sein, wenn Sie wie im folgenden Beispiel den vollständigen URL im archive-Tag angeben:

```
<applet ... archive="http://www.yourweb.edu/directory/cindyrun.jar" ...>
```

6.6 Rechtliche Fragen

Sie haben mit *Cinderella* auch die Lizenz zur Weitergabe der für interaktive Webseiten nötigen Laufzeitbibliothek unter bestimmten Bedingungen erworben. Wir möchten diese Bedingungen hier kurz zusammenfassen. Beachten Sie aber bitte, dass die einzigen rechtlich bindenden Vereinbarungen in den Lizenzbestimmungen (S. 130) festgelegt sind.

In Kürze: Sie dürfen nicht mit Ihren Beispielen Geld verdienen, d.h. sie verkaufen oder in einem kommerziellen Online-Service anbieten. Selbstverständlich können Sie die Beispiele im Unterricht verwenden (auch wenn Sie dafür bezahlt werden). Wenn Sie ein Buch oder eine CD-ROM unter Verwendung von *Cinderella* herausgeben möchten, sollten Sie zuerst den Springer-Verlag und die Autoren kontaktieren, um eine schriftliche Genehmigung zu bekommen. Schreiben Sie dazu an `licensing@cinderella.de` oder den Springer-Verlag. Sie finden detaillierte Kontaktinformationen auf der Springer-Websites http://www.springer.de. In jedem Fall dürfen Sie außer der Datei `cindyrun.jar` keine andere Datei von Cinderella weitergeben.

7 Installation

7.1 Allgemeine Informationen

Zum Starten von *Cinderella* brauchen Sie zweierlei: den Programmcode und eine "Java Virtual Machine" (JVM). Auf der CD befindet sich ein Installationsprogramm, in dem auch JVMs für die gängigsten Plattformen integriert sind. Wenn sich Ihre Plattform nicht darunter befindet, kann *Cinderella* trotzdem auf Ihrem Rechner laufen, vorausgesetzt Sie besorgen sich zuerst eine Java-1.1-kompatible JVM. Konsultieren Sie bitte die Javasoft-Website http://www.javasoft.com für Informationen über Java-Portierungen durch Dritte und gehen Sie weiter zum Abschnitt *Installation auf anderen Java-Plattformen* (S. 129) in diesem Kapitel.

Wir haben verschiedene Versionen Java-1.1-fähiger Webbrowser auf der CD beigefügt. Sie können diese Browser verwenden, um die mit *Cinderella* erzeugten interaktiven Webseiten zu betrachten. Wir leisten keinen Support für die Browser oder deren Installation. Auf der CD finden Sie diverse Versionen von Netscape Communicator für Unix und Windows, Internet Explorer für MacOS und Microsoft Windows 95/98/NT/2000, sowie eine Vorab-Version von iCab für MacOS.

7.2 Installation auf Windows 95, 98, NT 4.0 oder 2000

Legen Sie die CD in das CD-Laufwerk und starten Sie das Installationsprogramm namens "install", welches sie im ersten Ordner der CD finden. Danach folgen Sie der Anleitung auf dem Bildschirm.

Nach dem Installieren von *Cinderella* können Sie auf Dateien mit der Erweiterung ".cdy" doppelklicken, um sie mit *Cinderella* zu betrachten oder zu bearbeiten. Wenn Sie die Installation von *Cinderella* wieder rückgängig machen wollen, können Sie dazu die Verknüpfung "Uninstall Cinderella" benutzen.

7.3 Installation auf Sun Solaris (SPARC)

Mounten Sie die CD (zum Beispiel mit "volcheck" oder fragen Sie Ihren Systemadministrator) und gehen Sie in das Solaris-Verzeichnis, wo Sie eine Datei mit dem Namen "install.bin" finden. Starten Sie diese mit "./install.bin" oder "sh install.bin".

Befolgen Sie die Installationsanleitung auf dem Bildschirm. Sie können dabei das Installationsverzeichnis und das Verzeichnis für die Links wählen. Sie sollten nur Verzeichnisse wählen, für die Sie auch Schreibzugriff haben.

Wenn Sie bereits eine Java-1.1-kompatible JVM haben, können Sie versuchen, diese statt der mitgelieferten zu verwenden, etwa um Platz auf der Festplatte zu sparen.

Nach der Installation können Sie *Cinderella* starten, indem Sie den Link "Cinderella" (in dem von Ihnen angegebenen Link-Verzeichnis) oder direkt die Datei "Cinderella" im Installationsverzeichnis ausführen.

Um die Installation rückgängig zu machen, können Sie den Link "Uninstall-Cinderella" benutzen oder auch die ausführbare Datei im Unterverzeichnis "UninstallerData" des Installationsverzeichnisses.

7.4 Installation auf anderen Unix-artigen Plattformen

Vergewissern Sie sich zuerst, ob auf Ihrem System eine Java-1.1-kompatible JVM installiert und verfügbar ist. Konsultieren Sie die Javasoft-Website für Informationen über Java-Portierungen.

Mounten Sie die CD und gehen Sie in das Unterverzeichnis "Unix" auf der CD (fragen Sie Ihren Systemadministrator, wenn Sie nicht wissen, wie Sie eine CD mounten). Starten Sie das Skript "install.bin", das Sie in diesem Verzeichnis finden.

Wenn das Installationsprogramm mehr als eine JVM findet, bietet es Ihnen eine Auswahl an. Der Installationsvorgang geht dann wie in der Solaris-Version weiter; lesen Sie bitte den obigen Abschnitt für weitere Details.

7.4.1 Installation einer JVM auf Linux

Um unnötiges Herunterladen zu vermeiden, haben wir der CD auch Versionen des Java Runtime Environments für Linux beigefügt. Haben Sie bitte Verständnis dafür, dass weder der Springer-Verlag noch die Autoren Support dafür leisten können. Die Software wird ohne jede Garantie und so wie sie ist mitgeliefert. Sie finden sie im Verzeichnis "Linux" auf der CD.

Lesen Sie die Datei README.txt für weitere Installationsdetails. Wenn Sie Probleme mit der Installation haben, konsultieren Sie bitte die Java-Linux-Website auf http://java.blackdown.org.

Nach Installation einer JVM können Sie wie im vorigen Abschnitt *Installation auf anderen Unix-artigen Plattformen* (S. 128) beschrieben weitermachen.

7.5 Installation auf MacOS 8 und 9

Wenn Sie die CD unter MacOS einlegen und öffnen, so finden Sie drei Ordner: "Cinderella", "MRJ Install" und "Internet Browser". Falls Sie nicht wissen, welche Version des Macintosh Runtime for Java (MRJ)bei Ihnen installiert ist (sie brauchen mindestens Version 2.2), dann öffnen Sie am Besten den Ordner "MRJ Install" und folgen den Anleitungen zum Installieren des MRJ.

Wenn MRJ 2.2 oder höher installiert ist, dann können Sie *Cinderella* direkt per Doppelklick auf das Cinderella-Icon im Cinderella-Ordner starten. Sie können auch den Ordner auf Ihre Festplatte kopieren und dann *Cinderella* von dort starten. Weitere Installationsarbeiten sind nicht nötig.

7.6 Installation auf anderen Java-Plattformen

Es sollte möglich sein, *Cinderella* auf jeder Plattform zu installieren, sofern darauf Java-1.1 läuft. Sie werden verstehen, dass wir die Software nicht auf allen diesen Plattformen testen konnten; die Sache könnte auf Ihrem System also wieder ganz anders aussehen. Wir haben uns allerdings bemüht, keine plattformspezifischen Funktionen zu verwenden, da diese anderswo eventuell gar nicht verfügbar sind.

Legen Sie die CD in Ihr CD-Laufwerk und gehen Sie in das Verzeichnis "Java". Die Datei "install.zip" in diesem Verzeichnis enthält das vollständige Installationsprogramm. Benützen Sie Ihre plattformeigene Methode, um "install.zip" zum Java-Klassenpfad (classpath) hinzuzufügen und starten Sie dann die Klasse mit dem Namen "install". Sie können dann wie bei der Unix-Installation fortfahren.

Ein Möglichkeit, die obige Prozedur durchzuführen, ist die Eingabe von

```
jre -cp install.zip install
```

in einer Kommandozeile. Konsultieren Sie bitte Ihre JVM-Dokumentation für Details.

7.7 Fehlerbehebung

Wenn die Installation aus irgendeinem Grund schiefgeht, überprüfen Sie bitte die folgenden Punkte:

- Die CD ist im Laufwerk und kann angesprochen werden (auf Unix-Systemen muss man sie mounten).
- Sie müssen genug Platz auf Ihrer Festplatte haben (zumindest 2 MB ohne die Dokumentation, zumindest 7 MB mit der Dokumentation, beides exklusive JVM; letztere braucht zusätzlich mehr als 10 MB).
- Sie brauchen Schreibrechte im Installations- und Linkverzeichnis.
- Wenn Sie eine fremde JVM benutzen, muss Sie Java-1.1-kompatibel sein. Benutzen Sie wenn möglich eine der JVMs auf der CD.

Wenn keiner der obigen Punkte auf Ihre Schwierigkeiten zutrifft, gehen Sie bitte auf unser Website, wo wir eine Liste von bekannten Problemen und Workarounds anbieten, oder wenden Sie sich per eMail an `install@cinderella.de`.

8 Lizenzbestimmungen und Garantie

8.1 Nutzungs- und Garantiebedingungen

§1 Vertragsabschluss

Durch Öffnen der Verpackung vereinbart der Endnutzer mit dem Springer-Verlag die nachfolgenden Nutzungs- und Garantiebedingungen. Falls der Endnutzer dies nicht anerkennen will, kann er die ungeöffnete Packung mit dem Original-Kaufbeleg binnen zwei Wochen gegen volle Erstattung des Kaufpreises seinem Lieferanten oder dem Springer-Verlag zurückgeben. Für die Rückgabe gilt §7.

§2 Urheber- und Nutzungsrechte

1. Alle Nutzungsrechte an der Software (Programme und Handbuch) stehen ausschließlich dem Springer-Verlag zu. Die Software ist urheberrechtlich geschützt. Unabhängig davon vereinbaren die Parteien hiermit, dass auf die Software die Regeln des Urheberrechts anzuwenden sind.
2. Der Springer-Verlag überlässt dem Endnutzer die nicht ausschließliche schuldrechtliche Befugnis, die Software vertragsgemäß zu nutzen. Vertragsgemäß ist nur eine Nutzung, bei der das Programm mit Hilfe der im Handbuch beschriebenen Anweisungen ausgeführt wird. Insbesondere sind das Verändern, Bearbeiten, Umgestalten und Dekompilieren der Software unzulässig.
3. Das Programm darf zur selben Zeit nur auf einem Rechner und auf einem Arbeitsplatz benutzt werden. Bei Nutzung auf Rechnern mit mehreren Arbeitsplätzen oder in Netzen muss pro Arbeitsplatz, auf dem die Nutzung möglich ist, eine Lizenz erworben werden.
4. Der Endnutzer kann die Aushändigung oder Kenntnisnahme des Quellprogramms oder der Herstelldokumentation der Software nicht verlangen, auch nicht, wenn der Springer-Verlag die Pflege der Software aufgibt.
5. Die im Handbuch genannten Laufzeitbibliotheken für interaktive WWW-Seiten ("cindyrun.jar") dürfen in unveränderter Form zusammen mit durch die Software erstellten interaktiven Konstruktionen, Animationen und Übungsaufgaben weitergegeben werden, sofern
    1. dafür keine Gebühren erhoben werden, und
    2. ein Verweis auf die WWW-Seiten der Software (http://www.cinderella.de) oder entsprechenden Seiten des Springer-Verlages auf der Seite der Konstruktion, Animation oder Aufgabe oder in einem übergeordneten Inhaltsverzeichnis gemacht wird.
    Dies schließt die Weitergabe innerhalb von kostenpflichtigen Online-Diens-

ten und auf kommerziellen CD-ROMs sowie als Zusatz zu Büchern (selbst wenn keine spezielle Zusatzgebühr erhoben wird) ausdrücklich aus.

§3 Weitergabe der Software

1. Jede Weitergabe (z.B. Verkauf) der Software an Dritte und damit jede Übertragung der Nutzungsbefugnis und -möglichkeit bedarf der schriftlichen Erlaubnis des Springer-Verlages.
2. Der Springer-Verlag wird die Erlaubnis geben, wenn der bisherige Endnutzer dies schriftlich beantragt und eine Erklärung des nachfolgenden Endnutzers vorliegt, dass dieser sich an die Regelungen dieses Vertrages gebunden hält. Ab dem Zugang der Erlaubnis erlischt das Nutzungsrecht des bisherigen Nutzers und wird die Weitergabe zulässig.

§4 Unerlaubte Nutzung

1. Die gesamte Software ist durch Urheberrecht, Warenzeichenrecht, Wettbewerbsrecht und diesen Vertrag geschützt. Verstöße hiergegen können zivilrechtlich und strafrechtlich verfolgt werden.
2. Der Käufer haftet dem Springer-Verlag für alle Schäden und Nachteile aufgrund von Verletzungen dieser Regelung.
3. Wenn der Kunde gegen die Pflichten der §§ 2 und 3 verstößt, kann der Springer-Verlag die Nutzungsbefugnis aus wichtigem Grund fristlos kündigen.

§5 Funktionsbeschränkungen der Software

1. Nach dem Stand der Technik können Fehler der Software auch bei sorgfältiger Erstellung nicht ausgeschlossen werden.
2. Die Software versucht mit einem mathematischen Modell geometrische Zusammenhänge realistisch darzustellen. Die dabei gewonnene Darstellung unterliegt numerischen Effekten und darf daher nur nach vorheriger eigenverantwortlicher Prüfung weiterverwendet werden. Insbesondere sind die mit der Software erstellten Konstruktionen nur für Lehrzwecke geeignet und es wird keine Garantie für die korrekte Berechnung übernommen.
3. Für die Funktionsfähigkeit des Programms ist die im Installationshandbuch beschriebene Hardware und Basissoftware notwendig. Die Installation der Software muss genau nach den Vorschriften des Handbuchs erfolgen. Abweichungen hiervon können zu Schäden an der Hardware, an anderer Software und an Daten führen.
4. Die Laufzeitbibliotheken für interaktive Webseiten wurden auf eine größtmögliche Kompatibilität mit derzeitigen (November 1998) Webbrowsern getestet. Dennoch übernimmt weder der Springer-Verlag noch der Autor eine Garantie für die Darstellung, Korrektheit und Benutzbarkeit von Konstruktionen und Aufgaben in interaktiven WWW-Seiten.

§6 Garantie

1. Bei berechtigten Beanstandungen hat der Springer-Verlag zunächst die Möglichkeit, dem Endnutzer ein anderes Exemplar zu überlassen (auch ein anderes Programm-Release). Wenn damit die Beanstandung nicht behoben ist, kann der Endnutzer den Kaufpreis zurückverlangen, wenn er die Software entsprechend §7 zurückgibt.
2. Die Inanspruchnahme der Garantie setzt voraus, dass der Endnutzer den Mangel schriftlich genau beschreibt.
3. Auf Minderung und Nachbesserung hat der Endnutzer keinen Anspruch. Im übrigen gelten die Regeln der kaufmännischen Gewährleistung (§§ 459-480 BGB) entsprechend.

§7 Rückgabe

1. Der Kunde kann die Software (z.B. nach §1 oder 6 Abs. 1) nur komplett (insbesondere mit Handbuch und Programmdisketten) und mit dem Original-Kaufbeleg zurückgeben. Zusätzlich hat er zu erklären, dass keine Kopien existieren.
2. Für den Fall der Unrichtigkeit dieser Erklärung kann der Springer-Verlag eine Vertragsstrafe in Höhe des dreifachen empfohlenen Richtpreises der Software und gegebenenfalls weiteren Schadenersatz verlangen.

§8 Beratung

1. Der Springer-Verlag eröffnet die Möglichkeit, Fragen in bezug auf die Software an den Autor zu richten. Ein Rechtsanspruch für diesen Dienst besteht jedoch nicht.
2. Die Fragen können die Installation, die Handhabungs- und Benutzungsprobleme des Programms betreffen. Auskünfte über mathematische Fragestellungen werden nicht erteilt.
3. Anfragen sind schriftlich oder über e-Mail an den Springer-Verlag zu richten. Der Springer-Verlag vermittelt lediglich ungeprüft die Beantwortung durch den Autor. Die Antworten erfolgen üblicherweise in der Reihenfolge des Eingangs. Nicht jede Frage wird beantwortet werden können.

§9 Haftung

1. Der Springer-Verlag und der Autor haften nur bei Vorsatz, bei grober Fahrlässigkeit und bei Eigenschaftszusicherungen. Die Zusicherung von Eigenschaften bedarf der ausdrücklichen schriftlichen Erklärung. Für Auskünfte nach §8 wird nicht gehaftet.
2. Die Haftung aus dem Produkthaftungsgesetz bleibt unberührt. Der Einwand des Mitverschuldens des Endnutzers bleibt dem Springer-Verlag offen.

§10 Schluss

1. Gerichtsstand für alle Klagen im Zusammenhang mit der Software und dieser Vereinbarung ist Heidelberg, wenn der Vertragspartner Vollkaufmann oder gleichgestellt ist oder keinen allgemeinen Gerichtsstand in Deutschland hat.
2. Es gilt ausschließlich das Recht der Bundesrepublik Deutschland mit Ausnahme der UNCITRAL-Kaufgesetze.
3. Sollte eine Bestimmung dieses Vertrages unwirksam sein oder werden oder sollte der Vertrag unvollständig sein, so wird der Vertrag im übrigen Inhalt nicht berührt. Die unwirksame Bestimmung gilt als durch eine solche Bestimmung ersetzt, welche dem Sinn in Zweck der unwirksamen Bestimmung in rechtswirksamer Weise wirtschaftlich am nächsten kommt. Gleiches gilt für etwaige Vertragslücken.

8.2 Java(tm) Runtime Environment

Wenn Sie zusammen mit *Cinderella* eine JVM installiert haben, gilt für Sie die folgende, im Wortlaut zitierte Lizenz des Java Runtime Environment.

```
                Java(tm) Runtime Environment

                     Version 1.1.7B

                  Binary Code License
```

This binary code license ("License") contains rights and restrictions associated with use of the accompanying Java Runtime Environment Version 1.1.7B software and documentation ("Software"). Read the License carefully before using the Software. By using the Software you agree to the terms and conditions of this License.

1.   License to Distribute. Licensee is granted a royalty-free right to reproduce and distribute the Software provided that Licensee: (i)distributes the Software complete and unmodified, only as part of, and for the sole purpose of running, Licensee's Java applet or application ("Program") into which the Software is incorporated; (ii) does not distribute additional software intended to replace any component(s) of the Software; (iii) does not remove or alter any proprietary legends or notices contained in the Software; (iv) only distributes the Program subject to a license agreement that protects Sun's interests consistent with the terms contained herein; (v) may not create, or authorize its licensees to create additional classes, interfaces, or subpackages that are contained in the "java" or "sun" packages or similar as specified by Sun in any class file naming convention; and (vi) agree to indemnify, hold harmless, and defend Sun and its licensors from and against any claims or lawsuits, including attorneys' fees, that arise or result from the use or distribution of the Program.

2.   Restrictions. (a) Software is confidential copyrighted information of Sun and title to all copies is retained by Sun and/or its licensors. Except as otherwise provided by law for purposes of decompilation of the Software, Licensee shall not translate, reverse engineer, disassemble, decompile, or otherwise attempt to derive the source code of Software. Software may not be leased, assigned, or sublicensed, in whole or in part, except as specifically

authorized in Section 1. (b) Software is not designed or
intended, and Sun expressly disclaims any representations or
warranties (either expressed or implied), for use (i)in
online control of aircraft, air traffic, aircraft navigation
or aircraft communications; or (ii) in the design,
construction, operation or maintenance of any nuclear
facility.

3.   Trademarks and Logos. This License does not authorize
Licensee to use any Sun name, trademark or logo. Licensee
acknowledges as between it and Sun that Sun owns the Java
trademark and all Java-related trademarks, logos and icons
including the Coffee Cup and Duke ("Java Marks") and agrees
to comply with the Java Trademark Guidelines at
http://java.sun.com/ trademarks.html.

4.   Disclaimer of Warranty. Software is provided "AS IS,"
without a warranty of any kind. ALL EXPRESS OR IMPLIED
REPRESENTATIONS AND WARRANTIES, INCLUDING ANY IMPLIED
WARRANTY OF MERCHANTABILITY, FITNESS FOR A PARTICULAR
PURPOSE OR NON-INFRINGEMENT, ARE HEREBY EXCLUDED.

5.   Limitation of Liability.   IN NO EVENT WILL SUN OR ITS
LICENSORS BE LIABLE FOR ANY LOST REVENUE, PROFIT OR DATA, OR
FOR DIRECT, INDIRECT, SPECIAL, CONSEQUENTIAL, INCIDENTAL OR
PUNITIVE DAMAGES, HOWEVER CAUSED AND REGARDLESS OF THE
THEORY OF LIABILITY, RELATING TO THE USE, DOWNLOAD,
DISTRIBUTION OF OR INABILITY TO USE SOFTWARE, EVEN IF SUN
HAS BEEN ADVISED OF THE POSSIBILITY OF SUCH DAMAGES.

6.   Termination. Licensee may terminate this License at any
time by destroying all copies of Software. This License will
terminate immediately without notice from Sun if Licensee
fails to comply with any provision of this License. Upon
such termination, Licensee must destroy all copies of
Software.

7.   Maintenance and Support. No upgrades or support are to
be provided to Licensee under the terms of this License.

8.   Export Regulations. Software, including technical data,
is subject to U.S. export control laws, including the U.S.
Export Administration Act and its associated regulations,
and may be subject to export or import regulations in other
countries. Licensee agrees to comply strictly with all such
regulations and acknowledges that it has the responsibility
to obtain licenses to export, re-export, or import Software.
Software may not be downloaded, or otherwise exported or
re-exported (i) into, or to a national or resident of, Cuba,

Iraq,Iran, North Korea, Libya, Sudan, Syria or any country
to which the U.S.has embargoed goods; or (ii) to anyone on
the U.S. Treasury Department's list of Specially Designated
Nations or the U.S. Commerce Department's Table of Denial
Orders.

9.   Restricted Rights. Use, duplication or disclosure by the
United States government is subject to the restrictions as
set forth in the Rights in Technical Data and Computer
Software Clauses in DFARS 252.227-7013(c) (1) (ii) and FAR
52.227-19(c) (2) as applicable.

10. Governing Law. Any action related to this License will
be governed by California law and controlling U.S. federal
law. No choice of law rules of any jurisdiction will apply.

11. Severability. If any of the above provisions are held to
be in violation of applicable law, void, or unenforceable in
any jurisdiction, then such provisions are herewith waived
or amended to the extent necessary for the License to be
otherwise enforceable in such jurisdiction. However, if in
Sun's opinion deletion or amendment of any provisions of the
License by operation of this paragraph unreasonably
compromises the rights or increase the liabilities of Sun.

9 Literaturverzeichnis

[Bel1]

E.T. Bell, *"The Development of Mathematics"*, Dover Publishing, New York, 1992 (Orig. 1945).

[Bel2]

E.T. Bell, *"Men of Mathematics"*, Touchstone Books, New York, 1986 (Orig. 1945).

[CrRG]

H. Crapo, J. Richter-Gebert, *"Automatic proving of geometric theorems"*, in "Invariant Methods in Discrete and Computational Geometry", Neil White (Hg.), Kluwer Academic Publishers, (1995).

[Cox1]

H.S.M. Coxeter, *"Projective Geometry" (2. Aufl.)*, Springer, New York, Berlin, 1994 (Orig. 1963).

[Cox2]

H.S.M. Coxeter, *"The Real Projective Plane" (3. Aufl.)*, Springer, New York, Berlin, 1992 (Orig. 1949).

[Gre]

M.J. Greenberg, *"Euclidean and non-Euclidean Geometries" (3. Aufl.)*, Freeman and Company, New York, 1996 (Orig. 1974).

[Kl1]

F. Klein, *"Vorlesungen über die Entwicklung der Mathematik im 19. Jahrhundert"*, Springer, Berlin, New York, 1979 (Orig. 1928).

[Kl2]

F. Klein, *"Vorlesungen über nicht-euklidische Geometrie"*, Springer, Berlin, Nachdruck 1968 (Orig. 1928).

[Kor]

U. Kortenkamp, *"Foundations of Dynamic Geometry"*, Dissertation, ETH Zürich 1999.

[KRG]

U. Kortenkamp, J. Richter-Gebert, *"Foundations of Dynamic Geometry"*, in Vorbereitung.

[Lab]

J.M. Laborde, *"Exploring non-euclidean geometry in a dynamic geometry environment like Cabri-Géomètre"*, in "Geometry Turned On", J. King, D. Schattschneider (Hg.), Math. Assoc. of America, 1997, S. 185-191.

[RG]

J. Richter-Gebert, *"Mechanical theorem proving in projective geometry"*, Annals of Mathematics and Artificial Intelligence, *13*, 1995, S. 139-172.

[Stru]

D.J. Struik, D.L.Struik, *"A Concise History of Mathematics"*, Dover Publishing, 1987.

[Yag]

I.M. Yaglom, *"Felix Klein and Sophus Lie - Evolution of the Idea of Symmetry in the Nineteents Century"*, Birkhäuser, Boston, Basel, 1988.

Druck: Strauss Offsetdruck, Mörlenbach
Verarbeitung: Schäffer, Grünstadt